DEUTSCHE AKADEMIE DER WISSENSCHAFTEN ZU BERLIN

Veröffentlichungen des Geodätischen Instituts in Potsdam

Nr. 13

STRENGE THEORIE DER ABSOLUTEN LOTABWEICHUNGEN ALS FUNKTIONEN DER FREILUFTANOMALIEN DER SCHWERE

Von

KURT ARNOLD

AKADEMIE-VERLAG · BERLIN

1959

Erschienen im Akademie-Verlag GmbH, Berlin W 8, Mohrenstraße 39

Lizenz-Nr. 202 · 100/736/59
Gesamtherstellung: VEB Druckerei „Thomas Müntzer" Bad Langensalza
Bestell- und Verlagsnummer: 2016/13
Preis: DM 18,—
Printed in Germany
ES-Nr. 19 C

KAPITEL I

Kürzlich habe ich [1] folgende Formel zur Bestimmung gravimetrischer Geoidundulationen gefunden:

$$N_{\varepsilon_0} = \frac{R}{4\pi\gamma_\sigma} \int\limits_{\lambda=0}^{2\pi} d\lambda \int\limits_{\vartheta=0}^{\pi} [g_\sigma + 2\,c\,\overline{H}_\gamma + 2\,\omega^2 h_0 - \gamma_{\varepsilon_0} + \Theta_\sigma \cdot G\,\mathrm{tg}(\gamma, n)\cos(\alpha_1 - \alpha_2)] \times$$
$$\times \left(1 + 2\frac{h}{R}\right) S_T(\vartheta) \sin\vartheta\, d\vartheta + O\,(N_{\varepsilon_0} \cdot \mathfrak{a}) +$$
$$+ \sum_1^6 \Phi_n^\circ(N_{\sigma\cdot 1}) + \sum_1^6 \Phi_n^{\circ\circ}(N_{\sigma\cdot 1}) + \frac{\bar{g} - \bar{\gamma}}{G} h_0 - \frac{h_0}{R} N_{\sigma\cdot 1} \tag{1}$$

mit

$$\sum_1^6 \Phi_n^\circ(N_{\sigma\cdot 1}) \cong \Phi_{2'}^\circ - \frac{1}{2\pi} \sum_i \sum_k \zeta\,(N_{\sigma_{k+1}} - N_{\sigma_k})(\lambda_{i+1} - \lambda_i) -$$
$$- \frac{1}{4\pi} \sum_i \sum_k \left(\frac{\Delta g_F}{G} + \frac{5\,N_\sigma}{2\,R}\right) \zeta^2\,(r_{k+1} - r_k)(\lambda_{i+1} - \lambda_i) -$$
$$- \frac{1}{4\pi R} \sum_i \sum_k \left(\frac{\Delta g_F}{G} - 5\frac{N_\sigma}{R}\right) h\,(r_{k+1} - r_k)(\lambda_{i+1} - \lambda_i)$$

$$\sum_1^6 \Phi_n^{\circ\circ}(N_{\sigma\cdot 1}) = -\Phi_{2'}^\circ - \frac{1}{4\pi R^2} \sum_i \sum_k \left(\frac{1}{2\,G} \cdot \Delta g_F - \frac{3}{R} N_\sigma\right) \frac{h}{\sin\frac{\vartheta}{2}} \Delta\varkappa +$$
$$+ \frac{1}{8\pi R^2} \sum_i \sum_k h \frac{\cos\frac{\vartheta}{2}}{\sin^2\frac{\vartheta}{2}} (\xi\cos\bar{\alpha} + \eta\sin\bar{\alpha})\,\Delta\varkappa\,.$$

Das zweite Glied in (1) — nämlich $O \cdot (N_{\varepsilon_0} \cdot \mathfrak{a})$ — entsteht dadurch, daß die Randwertaufgabe der physikalischen Geodäsie statt für die Kugel für das Rotationsellipsoid gelöst werden muß; es ist eine Art „elliptische Verbesserung" für die gravimetrische Geoidundulation N_{ε_0} und sein Betrag ist von der Größenordnung

$$N_{\varepsilon_0} \cdot \mathfrak{a} \cong N_{\varepsilon_0} \frac{1}{297}\,.$$

Das dritte, vierte, fünfte und sechste Glied in (1)

$$\sum_1^6 \Phi_n^\circ(N_{\sigma\cdot 1}) + \sum_1^6 \Phi_n^{\circ\circ}(N_{\sigma\cdot 1}) + \frac{\bar{g} - \bar{\gamma}}{G} h_0 - \frac{h_0}{R} N_{\sigma\cdot 1}$$

entstehen durch die Unregelmäßigkeiten der Erdoberfläche. Im allgemeinen erreicht der Betrag der Summe dieser vier Glieder nur wenige Zentimeter, nur im Hochgebirge dürfte der Betrag von einem Dezimeter überschritten werden. Diese letzten vier Glieder machen also eine Art „topographische Verbesserung" der gravimetrischen Geoidundulationen aus.

In Anlehnung an meine Veröffentlichung [2] soll jetzt eine analoge Formel für die gravimetrischen Lotabweichungen angegeben werden. Es macht sich nämlich für numerische Rechnungen notwendig, die in [2] angegebene Schlußformel mehr präzise zu fassen und bei ihrer Ableitung weniger Annäherungen einzuführen.

Wir entnehmen zunächst aus [2] und [1]:

[2], (4a):

$$\frac{1}{\gamma_\sigma}\left[\frac{\partial T}{\partial s}\right]_\sigma = \frac{1}{\gamma_\sigma}\frac{\partial T_\sigma}{\partial s} = -\Theta_s + \tau_s - \tau_s^n = -\Theta_{\sigma.s}; \tag{2}$$

$\frac{\partial T}{\partial s}$ ist die Ableitung des Störpotentials T in Richtung des in einer Horizontalebene liegenden Vektors $\vec{s}$;

$\left[\frac{\partial T}{\partial s}\right]_\sigma$ ist dieser Wert von $\frac{\partial T}{\partial s}$ für auf der Erdoberfläche σ gelegene Punkte.

T_σ ist das Störpotential an der Erdoberfläche. Der Differentialquotient $\frac{\partial T_\sigma}{\partial s}$ ergibt sich als Grenzübergang, wenn die beiden Aufpunkte sich entlang der Erdoberfläche σ einander nähern, ds ist dabei die horizontale Komponente ihrer im allgemeinen „geneigten" gegenseitigen Entfernung. Wenn die Erdoberfläche horizontal ist, gilt

$$\left[\frac{\partial T}{\partial s}\right]_\sigma = \frac{\partial T_\sigma}{\partial s},$$

sonst aber gilt diese Gleichung im allgemeinen nicht.

[2], S. 103:

$$\Theta_s = -\frac{\partial N_{\varepsilon_0}}{\partial s}; \tag{3}$$

[2], (5a):

$$\left[\frac{\partial T}{\partial s}\right]_\sigma = \frac{1}{2\pi}\iint_\sigma \Delta g^* \cos(\gamma, n)\frac{\partial}{\partial s}\left(\frac{1}{r_\sigma}\right)d\sigma + \frac{1}{2\pi}\iint_\sigma \check{T}_\sigma \frac{\partial}{\partial s}\left(\frac{1}{r_\sigma^2}\cos(r_\sigma, n)\right)d\sigma +$$
$$+\frac{1}{2\pi}\iint_\sigma 2\,T_\sigma\left(\bar{H}_\gamma + \omega^2\frac{1}{G}\right)\cos(\gamma, n)\frac{\partial}{\partial s}\left(\frac{1}{r_\sigma}\right)d\sigma; \tag{4}$$

$$\check{T}_\sigma = T_\sigma + K\cdot(\gamma_\sigma)_{P_2}.$$

K: Beliebige Konstante von der Größenordnung der Geoidundulationen.

Gleichung (4) betreffend setzen wir voraus, daß der die Fläche σ bestimmende Ortsvektor von der Klasse r, $r \geq 2$, sei; [22] S. 286, [17] S. 88. Das heißt, der Ortsvektor der Fläche σ sei stetig und habe stetige erste und zweite Ableitungen.

Wir setzen später

$$K = -(N_\sigma)_{P_2},$$

also K gleich der auf die Erdoberfläche σ bezogenen Geoidundulation N_σ im Aufpunkt P_2 mit umgekehrtem Vorzeichen und schreiben später

$$\check{N}_\sigma = N_\sigma + K. \tag{4a}$$

$\frac{\check{N}_\sigma}{r}$ ist dann von der Größenordnung der Lotabweichungen.

[2], S. 104; [1], (32) (34):

$$\Delta g^* = \Delta g_F + \Theta_\sigma G \operatorname{tg}(\gamma, n)\cos(\alpha_1 - \alpha_2); \tag{5}$$

[2], S. 104; [1], (33):

$$\Delta g_F = g_\sigma + 2c\bar{H}_\gamma + 2\omega^2 h_0 - \gamma_{\varepsilon_0}; \tag{6}$$

[2], S. 103; [3], (1a); [4], (59):

$$\left.\begin{matrix}\tau_s\\ \tau_s^n\end{matrix}\right. = \left.\begin{matrix}\mu\\ \mu^n\end{matrix}\right\}\cos A + \left.\begin{matrix}\nu\\ \nu^n\end{matrix}\right\}\sin A; \tag{7}$$

[2], (6):

$$\frac{\partial}{\partial s}\left(\frac{1}{r_\sigma}\right) = -\frac{1}{r_\sigma^2}\frac{\partial r_\sigma}{\partial s}; \tag{8}$$

[2], (15) (18) (19) (20) (21):

$$\frac{\partial r_\sigma}{\partial s} = -\frac{1}{r_\sigma}\left[r_\varepsilon\cos\frac{\vartheta}{2}\cos(\alpha - A) + h\sin\vartheta\cos(\alpha - A)\right]; \tag{9}$$

[2], (25):

$$\frac{\partial}{\partial s}\left(\frac{1}{r_\sigma^2}\cos(r_\sigma, n)\right) = \frac{1}{r_\sigma^3}\left[-3\cos(r_\sigma, n)\frac{\partial r_\sigma}{\partial s} + \cos\chi_3\right]; \tag{10}$$

[2], (17) (18) (19) (20) (21) (22):

$$\frac{\partial r_\sigma}{\partial s} = \sum_{i=0}^{2} Z_{1i} = -\cos\frac{\vartheta}{2}\cos(\alpha - A) - \frac{1}{r_\varepsilon} h \sin\vartheta \cos(\alpha - A) -$$

$$- \frac{r_\varepsilon - r_\sigma}{r_\sigma r_\varepsilon}\left[r_\varepsilon \cos\frac{\vartheta}{2}\cos(\alpha - A) + h\sin\vartheta\cos(\alpha - A)\right]; \tag{11}$$

[2], (26):

$$\cos(r_\sigma, n) = \sum_{i=0}^{3} Z_{2i} = \cos(r_\varepsilon, \gamma)\cos(\gamma, n) + \cos(r_\varepsilon, \gamma)\cos(\gamma, n)\,[\cos(r_\sigma, r_\varepsilon) - 1] +$$

$$+ \sin(r_\varepsilon, \gamma)\sin(r_\sigma, r_\varepsilon)\cos(\gamma, n) - \sin(r_\sigma, \gamma)\sin(\gamma, n)\cos\tau; \tag{12}$$

[2], (27):

$$\cos\chi_3 = \sum_{i=0}^{2} Z_{3i} = \sin\vartheta\cos(\alpha - A)\cos(\gamma, n) +$$

$$+ \cos\vartheta\cos(\alpha - A)\sin(\gamma, n)\cos\tau + \sin(\alpha - A)\sin(\gamma, n)\sin\tau, \tag{13}$$

$$\frac{1}{r_\sigma^3} = Z_{40} + Z_{41} = \frac{1}{r_\varepsilon^3} + \frac{r_\varepsilon^3 - r_\sigma^3}{r_\sigma^3 r_\varepsilon^3}; \tag{14}$$

[2], (30):

$$\frac{\partial}{\partial s}\left(\frac{1}{r_\sigma}\right) = \sum_{i=0}^{2} Z_{5i} = \frac{1}{r_\sigma^3}\left[r_\varepsilon\cos\frac{\vartheta}{2}\cos(\alpha - A) + h\sin\vartheta\cos(\alpha - A)\right] =$$

$$= \frac{1}{r_\varepsilon^2}\cos\frac{\vartheta}{2}\cos(\alpha - A) + \frac{1}{r_\varepsilon^3} h\sin\vartheta\cos(\alpha - A) +$$

$$+ \frac{r_\varepsilon^3 - r_\sigma^3}{r_\varepsilon^3 r_\sigma^3}\left[r_\varepsilon\cos\frac{\vartheta}{2}\cos(\alpha - A) + h\sin\vartheta\cos(\alpha - A)\right]; \tag{15}$$

[2], (48a) (48b) (48c); [1], (65) (76):

$$\sin(r_\varepsilon, \gamma) \cong \sin(r_\varkappa, \gamma) = \cos\frac{\vartheta}{2} \cong 1$$

$$\cos(r_\varepsilon, \gamma) \cong \cos(r_\varkappa, \gamma) = -\sin\frac{\vartheta}{2} \cong -\frac{r}{2R}; \tag{16}$$

[1], (100):

$$r_\sigma^2 = r_\varkappa^2\left(1 + \zeta^2 + \frac{h}{R}\right). \tag{17}$$

Im folgenden wollen wir statt $r_\varkappa$ einfach r schreiben.

Mit (17) wollen wir folgende Größen

$$\frac{r - r_\sigma}{r\, r_\sigma}; \qquad \frac{r^3 - r_\sigma^3}{r^3 r_\sigma^3}$$

durch ζ und r ausdrücken.

Es ergibt sich:

$$r_\sigma = r\left(1 + \zeta^2 + \frac{h}{R}\right)^{1/2}, \qquad \frac{1}{r_\sigma} = \frac{1}{r}\left(1 + \zeta^2 + \frac{h}{R}\right)^{-1/2},$$

$$\frac{r - r_\sigma}{r\, r_\sigma} = \frac{1}{r_\sigma} - \frac{1}{r} = \frac{1}{r}\left[\left(1 + \zeta^2 + \frac{h}{R}\right)^{-1/2} - 1\right] = \frac{1}{r}\left[-\frac{1}{2}\left(\zeta^2 + \frac{h}{R}\right) + \frac{3}{8}\zeta^4 - \frac{5}{16}\zeta^6\right], \tag{18}$$

$$\frac{r^3 - r_\sigma^3}{r^3 r_\sigma^3} = \frac{1}{r_\sigma^3} - \frac{1}{r^3} = \frac{1}{r^3}\left[\left(1 + \zeta^2 + \frac{h}{R}\right)^{-3/2} - 1\right] = \frac{1}{r^3}\left[-\frac{3}{2}\left(\zeta^2 + \frac{h}{R}\right) + \frac{15}{8}\zeta^4 - \frac{35}{16}\zeta^6\right]. \tag{19}$$

Setzen wir die Gleichungen (8) bis (19) in Gleichung (4) ein, so folgt, weil im Aufpunkt P_2 die Tangentialebene an die Erdoberfläche σ horizontal sein soll und in diesem Punkt P_2 somit

$$\left[\frac{\partial T}{\partial s}\right]_\sigma = \frac{\partial T_\sigma}{\partial s},$$

diese Gleichung:

$$\frac{\partial T_\sigma}{\partial s} = \frac{1}{2\pi}\iint_\sigma \Delta g^* \cos(\gamma, n) \sum_{i=0}^{2} Z_{5i} \cdot d\sigma +$$

$$+ \frac{1}{2\pi}\iint_\sigma \check{T}_\sigma \left[\sum_{i=0}^{1} Z_{4i}\left(-3\sum_{i=0}^{3} Z_{2i} \cdot \sum_{i=0}^{2} Z_{1i} + \sum_{i=0}^{2} Z_{3i}\right)\right] d\sigma +$$

$$+ \frac{1}{2\pi}\iint_\sigma 2\, T_\sigma\left(\bar{H}_\gamma + \omega^2 \frac{1}{G}\right)\cos(\gamma, n) \sum_{i=0}^{2} Z_{5i} \cdot d\sigma. \tag{20}$$

Setzen wir

$$F_1(\Delta g^*) = \frac{1}{2\pi} \iint\limits_\sigma \Delta g^* \cos(\gamma, n)\, Z_{50}\, d\sigma; \tag{20a}$$

$$F_2(T_\sigma) = \frac{1}{2\pi} \iint\limits_\sigma T_\sigma Z_{40} (-3 Z_{20} Z_{10} + Z_{30})\, d\sigma; \tag{20b}$$

$$F_3(T_\sigma) = \frac{1}{2\pi} \iint\limits_\sigma 2\, T_\sigma \left(\bar{H}_\gamma + \omega^2 \frac{1}{G}\right) \cos(\gamma, n)\, Z_{50}\, d\sigma; \tag{20c}$$

$$F_4(\Delta g^*) = \frac{1}{2\pi} \iint\limits_\sigma \Delta g^* \cos(\gamma, n) \sum_{i=1}^{2} Z_{5i}\, d\sigma; \tag{20d}$$

$$F_5(T_\sigma) = \frac{1}{2\pi} \iint\limits_\sigma T_\sigma Z_{40} \left[-3 \left(Z_{20} \sum_{i=1}^{2} Z_{1i} + \sum_{i=1}^{3} Z_{2i} \cdot \sum_{i=0}^{2} Z_{1i}\right) + \sum_{i=1}^{2} Z_{3i}\right] d\sigma; \tag{20e}$$

$$F_6(T_\sigma) = \frac{1}{2\pi} \iint\limits_\sigma T_\sigma Z_{41} \left[-3 \sum_{i=0}^{3} Z_{2i} \cdot \sum_{i=0}^{2} Z_{1i} + \sum_{i=0}^{2} Z_{3i}\right] d\sigma; \tag{20f}$$

$$F_7(T_\sigma) = \frac{1}{2\pi} \iint\limits_\sigma 2\, T_\sigma \left(\bar{H}_\gamma + \omega^2 \frac{1}{G}\right) \cos(\gamma, n) \sum_{i=1}^{2} Z_{5i}\, d\sigma \cong \frac{1}{\pi R} \iint\limits_\sigma T_\sigma \sum_{i=1}^{2} Z_{5i} \cos(\gamma, n)\, d\sigma. \tag{20g}$$

Substituieren wir

$$T_\sigma = T_{\sigma \cdot 1} + T_{\sigma \cdot 2}, \tag{21}$$

so wird aus (20) mit [2], (37):

$$\frac{\partial T_{\sigma \cdot 1}}{\partial s} = F_1(\Delta g^*) + F_2(T_{\sigma \cdot 1} + K \cdot (\gamma_\sigma)_{P_2}) + F_3(T_{\sigma \cdot 1}) = F_1(\Delta g^*) + F_2(T_{\sigma \cdot 1}) + F_3(T_{\sigma \cdot 1}); \tag{22a}$$

$$\frac{\partial T_{\sigma \cdot 2}}{\partial s} = F_2(T_{\sigma \cdot 2}) + F_3(T_{\sigma \cdot 2}) + F_4(\Delta g^*) + F_5(\check{T}_\sigma) + F_6(\check{T}_\sigma) + F_7(T_\sigma). \tag{22b}$$

Nach [2], (34) (36) (36a) (37) (39) (40) ⋯ (44),

{In der Gleichung [2] (42) müssen wir für $\frac{1}{r_\varkappa}$ die Entwicklung nach Kugelfunktionen einsetzen.

Dies ist im ganzen Bereich $0 < \vartheta \leq \pi$ möglich, weil in diesem Intervall $\frac{1}{r_\varkappa}$ stetig und beschränkt ist, [16] S. 45. Die Stelle $\vartheta = 0$ ist eine Singularität. Doch gilt für das über die engste Umgebung $r_\varkappa^2 \leq \varepsilon^2$ erstreckte Integral

$$\iint \frac{1}{r_\varkappa}\, d\varkappa = \iint dr_\varkappa\, d\alpha = 2\pi \cdot \varepsilon.$$

Mit $\varepsilon \to 0$ geht auch dieses Integral gegen Null. Diese Singularität gestattet also doch die Verwendung der Kugelfunktionsentwickelung. Es liegt kein uneigentliches Integral vor.

Wir können so hier setzen

$$\frac{1}{r_\varkappa} = \frac{1}{R} \sum_{n=0}^{\infty} P_n. \Big\}$$

folgt, wenn wir einen relativen Fehler von der Größenordnung der Abplattung $\frac{1}{297}$ vernachlässigen,

$$-\frac{1}{G} \frac{\partial T_{\sigma \cdot 1}}{\partial s} = \Theta_{\sigma \cdot s \cdot 1} = -\frac{1}{2\pi \varrho''} \int\limits_{\alpha=0}^{2\pi} \int\limits_{\vartheta=0}^{\pi} \Delta g^* V_M(\vartheta) \cos(\alpha - A)\, d\vartheta\, d\alpha; \tag{23}$$

$V_M(\vartheta)$ ist die Funktion von Vening-Meinesz,

$$V_M(\vartheta) = -\frac{\varrho''}{2G} \sin\vartheta \frac{\partial}{\partial \vartheta} S_T(\vartheta).$$

Die auf die Erdoberfläche bezogene Lotabweichungskomponente in der Richtung s mit dem Azimut A ist

$$-\frac{1}{G} \frac{\partial T_\sigma}{\partial s} = -\frac{1}{G} \frac{\partial T_{\sigma \cdot 1}}{\partial s} - \frac{1}{G} \frac{\partial T_{\sigma \cdot 2}}{\partial s} = \Theta_{\sigma \cdot s} = \Theta_{\sigma \cdot s \cdot 1} + \Theta_{\sigma \cdot s \cdot 2}, \tag{23a}$$

$F_2(T_{\sigma\cdot 2})$ und $F_3(T_{\sigma\cdot 2})$ sind bereits in [2], (49) (50) $\cdots$ (60), untersucht worden (dort mit X_2 bezeichnet). Es ergibt sich mit [2], (49):

$$F_2(T_{\sigma\cdot 2}) + F_3(T_{\sigma\cdot 2}) = \frac{1}{2\pi} \iint_{\varkappa} N_{\sigma\cdot 2} \left[-\frac{1}{2} \frac{1}{r^3} \sin\vartheta + 2 \frac{1}{R} \frac{1}{r^2} \cos\frac{\vartheta}{2} \right] \cos(\alpha - A)\, d\varkappa\,. \tag{24}$$

Als globaler Mittelwert für $N_{\sigma\cdot 2}$ wurde [2], (57),

$$\bar{N}_{\sigma\cdot 2} \leq 1{,}5 \text{ cm}$$

eingeführt, und es ergab sich dann [2], (60):

$$F_2(T_{\sigma\cdot 2}) + F_3(T_{\sigma\cdot 2}) \leq 0{,}''5\; 10^{-2}\,.$$

Berücksichtigen wir noch, daß sehr weit voneinander entfernt liegende Werte von $N_{\sigma\cdot 2}$ als voneinander stochastisch unabhängig betrachtet werden können. Nach Obigem ergab sich $\bar{N}_{\sigma\cdot 2}$ wie folgt:

$$\bar{N}_{\sigma\cdot 2} = \frac{1}{4\pi R^2} \iint_{\text{Ozeane}} N_{\sigma\cdot 2}\, d\varkappa + \frac{1}{4\pi R^2} \iint_{\text{Kontinente}} N_{\sigma\cdot 2}\, d\varkappa\,,$$

und weil $N_{\sigma\cdot 2}$ auf den Ozeanen wesentlich kleiner sein wird als auf den Kontinenten:

$$\bar{N}_{\sigma\cdot 2} = \frac{1}{4\pi R^2} \iint_{\text{Kontinente}} N_{\sigma\cdot 2}\, d\varkappa\,.$$

Zerteilen wir die Erdoberfläche in 100 gleichgroße Flächenstücke $\Delta\varkappa$, so folgt, weil die Ozeane etwa 70 dieser Flächenstücke $\Delta\varkappa$ bedecken werden, richtiger für $\bar{N}_{\sigma\cdot 2}$:

$$\bar{N}_{\sigma\cdot 2} = 10^{-2} (\pm\, {}_1\bar{\bar{N}}_{\sigma\cdot 2} \pm {}_2\bar{\bar{N}}_{\sigma\cdot 2} \pm \cdots \pm {}_{30}\bar{\bar{N}}_{\sigma\cdot 2}) \rightarrow \sqrt{30} \cdot 10^{-2}\, \bar{\bar{N}}_{\sigma\cdot 2}$$

und mit $\bar{\bar{N}}_{\sigma\cdot 2} = 5$ cm; [2] S. 117, Zeile 9;

$$\bar{N}_{\sigma\cdot 2} = 0{,}3 \text{ cm}\,.$$

Daher gilt richtiger

$$F_2(T_{\sigma\cdot 2}) + F_3(T_{\sigma\cdot 2}) \leq 0{,}''1\; 10^{-2}\,. \tag{25}$$

Die Funktionen $F_2(T_{\sigma\cdot 2})$ und $F_3(T_{\sigma\cdot 2})$ können wir also vernachlässigen.

(22b) und (25) ergeben, wenn beim Aufpunkt das Gelände horizontal ist:

$$\frac{\partial T_{\sigma\cdot 2}}{\partial s} = F_4(\Delta g^*) + F_5(\check{T}_\sigma) + F_6(\check{T}_\sigma) + F_7(T_\sigma) = G \sum_{i=1}^{16} \Lambda_i + G \sum_{i=3}^{12} \Lambda_{i*}\,. \tag{26}$$

Dividieren wir durch den globalen Mittelwert der Schwere G, so wird, wegen

$$N_{\sigma\cdot 2} = \frac{T_{\sigma\cdot 2}}{G}\,; \qquad N_\sigma = \frac{T_\sigma}{\gamma_\sigma} \cong \frac{T_\sigma}{G}\,, \tag{27}$$

$$\frac{\partial N_{\sigma\cdot 2}}{\partial s} = \frac{1}{G} \frac{\partial T_{\sigma\cdot 2}}{\partial s} = F_4\left(\frac{\Delta g^*}{G}\right) + F_5(\check{N}_\sigma) + F_6(\check{N}_\sigma) + F_7(N_\sigma) = \sum_{i=1}^{16} \Lambda_i + \sum_{i=3}^{12} \Lambda_{i*}\,. \tag{28}$$

KAPITEL II

Wir wenden uns nun der Bestimmung von $\frac{\partial N_{\sigma \cdot 2}}{\partial s}$ zu und zerlegen diesen Wert zweckmäßigerweise nicht in die Summe der Funktionen F_i, sondern spalten diese F_i weiter auf und erhalten so die Summe der Λ_i.

$$F_4\left(\frac{\Delta g^*}{G}\right) = \frac{1}{2\pi G}\iint \Delta g^* \cdot \cos(\gamma, n)\,(Z_{51} + Z_{52})\,d\sigma = \sum_{i=1}^{2} \Lambda_i\,;$$

$$F_5(\check{N}_\sigma) = \frac{1}{2\pi}\iint \check{N}_\sigma Z_{40}\,[-3\,Z_{20}\,(Z_{11} + Z_{12}) - 3\,Z_{21}\,(Z_{10} + Z_{11} + Z_{12}) -$$
$$- 3\,(Z_{22} + Z_{23})\,(Z_{10} + Z_{11} + Z_{12}) + Z_{31} + Z_{32}]\,d\sigma = \sum_{i=3}^{12} \Lambda_i\,;$$

$$F_6(\check{N}_\sigma) = \frac{1}{2\pi}\iint \check{N}_\sigma Z_{41}\,[-3\,Z_{20}\,(Z_{10} + \overset{*}{Z}_{11} + \overset{*}{Z}_{12}) - 3\,Z_{21}\,(\overset{*}{Z}_{10} + \overset{*}{Z}_{11} + \overset{*}{Z}_{12}) -$$
$$- 3\,(Z_{22} + Z_{23})\,(\overset{*}{Z}_{10} + \overset{*}{Z}_{11} + \overset{*}{Z}_{12}) + Z_{30} + \overset{*}{Z}_{31} + \overset{*}{Z}_{32}]\,d\sigma = \sum_{i=13}^{14} \Lambda_i + \sum_{i=3}^{12} \Lambda_i^*\,;$$

$$F_7(N_\sigma) = \frac{1}{\pi R}\iint N_\sigma\,(Z_{51} + Z_{52})\cos(\gamma, n)\,d\sigma = \sum_{i=15}^{16} \Lambda_i\,.$$

Es gilt, vgl. S.11,

$$Z_{10} + Z_{11} + Z_{12} \cong (1 + \zeta^2)^{-1/2}\,Z_{10}\,.$$

Die mit einem Stern versehenen Glieder im Integranden in der Gleichung für F_6 kommen nach Multiplikation mit

$$\frac{Z_{41}}{Z_{40}} = (1 + \zeta^2)^{-3/2} - 1$$

im Integranden in der Gleichung für F_5 ebenfalls vor.
Mit (20), (20a) bis (20g), (22b) folgt so:

$$\frac{F_4\left(\frac{\Delta g^*}{G}\right)}{\Lambda_1}$$

$$\Lambda_1 = \frac{1}{2\pi G}\iint_\sigma \Delta g^* \cos(\gamma, n)\,Z_{51}\,d\sigma \cong \frac{1}{2\pi G}\iint_\varkappa \Delta g^* \frac{1}{r_\varepsilon^3} h \sin\vartheta \cos(\alpha - A)\,d\varkappa\,. \tag{29}$$

Für kleine r gilt genähert $d\varkappa = r\,dr\,d\alpha$, also

$${}_1\Lambda_1 = + \frac{1}{2\pi G}\Delta g^* \frac{1}{R}\int_{\alpha=0}^{2\pi}\int_{r_i}^{r_{i+1}} \zeta \cos(\alpha - A)\,dr\,d\alpha \cong 0{,}636\,\frac{\Delta g^*}{G}\sum_{i=0}\frac{r_{i+1} - r_i}{R}\,\bar{\zeta}_i\,.$$

$\bar{\zeta}$ ist ein geeigneter Mittelwert von ζ.
Mit

$$\frac{\Delta g^*}{G} = 10^{-4}; \qquad (r_1 - r_0)\,\bar{\zeta} \cong h_{r_1}, \qquad r_0 = 0$$

folgt

$$0{,}6\,\frac{1}{R}\,10^{-4}\left[h_{r_1} + \sum_{i=1}\bar{\zeta}_i\,(r_{i+1} - r_i)\right]$$

und mit $r_1 = 10\,\text{km} \to h_{r_1} = 6\,\text{km}$,

$$\bar{\zeta}_1 = 10^{-1}\,, \qquad r_2 - r_1 = 100\,\text{km}\,,$$
$$\bar{\zeta}_2 = 10^{-2}\,, \qquad r_3 - r_2 = 890\,\text{km}$$

ergibt sich

$$0{,}6\,\varrho''\,\frac{1}{R}\,10^{-4}\,[6 + 10 + 8{,}9]_{\text{km}} = 0{,}6\,\frac{24{,}9}{6370}\,10^{-4}\,\varrho'' = 0{,}25\,10^{-6}\,\varrho'' = 0{,}''05 = {}_1\Lambda_1\,.$$

Für große r gilt mit [2] (63) bis (68)

$${}_2\Lambda_1 = \frac{1}{2\,\pi\,G}\int\!\!\int \Delta g^*\,\frac{h}{R}\cos(\alpha - A)\,\frac{\sin^2\vartheta}{8\sin^3\frac{\vartheta}{2}}\,d\vartheta\,d\alpha \cong \frac{\Delta g^*}{G}\,\frac{h}{R}\,0{,}636\int\limits_{1/6}^{\pi}\frac{\cos^2\frac{\vartheta}{2}}{\sin\frac{\vartheta}{2}}\,d\,\frac{\vartheta}{2}$$

und mit $\frac{h}{R} = 10^{-3}$

$$\varrho''\,0{,}6\cdot 10^{-7}\left[\cos\omega + \ln\left|\operatorname{tg}\frac{\omega}{2}\right|\right]_{\omega=1/12}^{\omega=\pi/2} \to \varrho''\cdot 0{,}6\cdot 10^{-7}\,(1 - 2{,}3\lg 24) = 0{,}''026\,.$$

Dabei hatten wir $\frac{\Delta g^*}{G}$ auf der ganzen Erdoberfläche als konstant und genähert gleich 10^{-4} angenommen. Bei genauerer Betrachtung werden aber weit voneinander entfernt liegende Werte von Δg^* als voneinander stochastisch unabhängig anzusehen sein. Zerteilen wir die Erdoberfläche in 100 Flächenelemente und nehmen an, die über jedes der 100 Flächenelemente genommenen Mittelwerte von Δg^* seien voneinander stochastisch unabhängig, dann müssen wir ${}_2\Lambda_1$ durch $\sqrt{100}$ dividieren.

Also

$$\begin{aligned} {}_2\Lambda_1 &= 3''\,10^{-3}\,,\\ \Lambda_1 &= 0{,}''05\ (h = 6\,\text{km})\,. \end{aligned} \tag{30}$$

Λ_1 können wir unbedenklich vernachlässigen,

$$\Lambda_1 \cong 0\,.$$

Λ_2

$$\Lambda_2 = \frac{1}{2\,\pi\,G}\int\!\!\int\limits_{\sigma} \Delta g^*\cos(\gamma, n)\,Z_{52}\,d\sigma\,; \tag{31}$$

$$\Lambda_2 = \frac{1}{2\,\pi\,G}\int\!\!\int \Delta g^*\left[\left(1 + \zeta^2 + \frac{h}{R}\right)^{-3/2} - 1\right]\cdot\frac{1}{r^3}\left[r\cos\frac{\vartheta}{2}\cos(\alpha - A) + h\sin\vartheta\cos(\alpha - A)\right]d\varkappa\,.$$

Und wenn wir die Integration auch bei den folgenden der Bestimmung der Λ_i dienenden Integrale nur über einen Umkreis von ca. 1000 km erstrecken

$$\Lambda_2 = \frac{1}{2\,\pi\,G}\int\!\!\int \frac{1}{r^2}\,\Delta g^*\cos(\alpha - A)\left[\left(1 + \zeta^2 + \frac{h}{R}\right)^{-3/2} - 1\right]\left(1 + \frac{h}{R}\right)d\varkappa\,.$$

Das in der eckigen Klammer erscheinende Glied $\frac{h}{R}$ hat folgenden Anteil

$$\Lambda_2^\circ = -\frac{3}{4\,\pi\,G}\int\!\!\int \Delta g^*\,\frac{1}{r^2}\,\frac{h}{R}\cos(\alpha - A)\,d\varkappa\,.$$

Für

$$0 \leq r \leq 1000\,\text{km}$$

erhalten wir mit den Untersuchungen über Λ_1 als Größenordnung

$${}_1\Lambda_2^\circ = \frac{3}{2}\,{}_1\Lambda_1 = 0{,}''075\,.$$

Für große r ergibt sich

$${}_2\Lambda_2^\circ = -\frac{3}{4\,\pi}\,\frac{\Delta g^*}{G}\,\frac{h}{R}\int\!\!\int \frac{1}{r^2}\cos(\alpha - A)\,d\varkappa = 0{,}636\cdot\frac{3}{2}\cdot 10^{-7}\int\frac{\sin\vartheta\,d\vartheta}{4\sin^2\frac{\vartheta}{2}} = 10^{-7}\int\operatorname{ctg}\frac{\vartheta}{2}\,d\,\frac{\vartheta}{2} =$$

$$= 10^{-7}\,[\ln(\sin\omega)]_{\omega=1/12}^{\omega=\pi/2} = 10^{-7}\cdot 2{,}3\cdot\lg 12 = 2{,}5\cdot 10^{-7} = 0{,}''05\,,$$

und weil die Δg^* stochastisch unabhängige Variable sind, folgt mit den bei Λ_1 gemachten Überlegungen die Berechtigung der Division durch 10.

$$_2\Lambda_2^0 = 0{,}''005\,,$$

und schließlich

$$\Lambda_2^0 = 0{,}''075\ (h = 6\text{ km});$$

$$\Lambda_2^0 \cong 0\,;$$

$$\Lambda_1 + \Lambda_2^0 \cong 0{,}''025\ (h = 6\text{ km}).$$

Also

$$\Lambda_2 = \frac{1}{2\pi G}\iint \frac{1}{r^2}\,\Delta g^* \cos(\alpha - A)\,[(1+\zeta^2)^{-3/2} - 1]\,d\varkappa\,. \tag{32}$$

$F_5(\check{N}_\sigma)$

Λ_3

$$\Lambda_3 = \frac{1}{2\pi}\iint_\sigma \check{N}_\sigma Z_{40}\,(-3)\,Z_{20}\,Z_{11}\,d\sigma\,; \tag{33}$$

$$\Lambda_3 = \frac{1}{2\pi}\iint \check{N}_\sigma \frac{1}{r^3}(-3)\cos(r,\gamma)\cos(\gamma,n)\,(-)\,\frac{h}{r}\sin\vartheta\cos(\alpha - A)\,d\sigma\,;$$

$$\Lambda_3 = -\frac{3}{4\pi R}\iint \check{N}_\sigma \frac{1}{r^3}\,h\sin\vartheta\cos(\alpha - A)\,d\varkappa\,. \tag{34}$$

Wir wollen die Größenordnung von Λ_3 abschätzen.
Mit

$$\frac{\check{N}_\sigma}{r} \cong \Theta_\sigma$$

folgt

$$\Lambda_3 \cong -\frac{3}{4\pi R}\,\Theta_\sigma \iint \frac{1}{r^2}\,h\sin\vartheta\cos(\alpha - A)\,d\varkappa\,, \tag{35}$$

wenn

$$0 \leq r \leq 10\text{ km}\,,$$

ist

$$_1\Lambda_3 \cong -\frac{3}{2R^2}\,\Theta_\sigma\bar{\zeta}\,0{,}636\int_0^r r\,dr = -\frac{3}{4R^2}\bar{\zeta}\cdot 0{,}636\cdot r^2\,\Theta_\sigma\,.$$

Setzen wir

$$\bar{\zeta} = 1\,,$$

so folgt

$$_1\Lambda_3 = -1{,}2\cdot 10^{-5}\cdot\Theta_\sigma \cong 0\,. \tag{36}$$

Im Bereich

$$\frac{10}{6370} \leq \vartheta \leq \pi$$

wird

$$_2\Lambda_3 \cong -\frac{3}{4\pi R}\,\Theta_\sigma\bar{h}\iint \frac{1}{r^2}\sin\vartheta\cos(\alpha - A)\,d\varkappa = -\frac{3}{2}\frac{\bar{h}}{R}\,\Theta_\sigma\,0{,}636\cdot\int \frac{1}{r^2}\sin\vartheta\,R^2\sin\vartheta\,d\vartheta =$$

$$= -3\cdot 0{,}636\cdot\frac{\bar{h}}{R}\,\Theta_\sigma\int\cos^2\frac{\vartheta}{2}\,d\,\frac{\vartheta}{2} \cong -2\,\frac{\bar{h}}{R}\,\Theta_\sigma\left|\frac{1}{2}\,\omega + \frac{1}{2}\sin\omega\cos\omega\right|_{\omega=1/1300}^{\omega=\pi/2} \cong -\frac{\pi}{2}\,\frac{\bar{h}}{R}\,\Theta_\sigma$$

mit

$$\bar{h} = 6\text{ km}\,,$$

$$_2\Lambda_3 = 1{,}6\cdot 10^{-3}\,\Theta_\sigma\,. \tag{37}$$

Also

$$\Lambda_3 \cong 1{,}6\cdot 10^{-3}\,\Theta_\sigma \cong 0\,. \tag{38}$$

$\underline{\Lambda_4}$

$$\Lambda_4 = \frac{1}{2\pi}\iint\limits_\sigma \check{N}_\sigma Z_{40} (-3) Z_{20} Z_{12}\, d\sigma ; \tag{39}$$

$$\Lambda_4 = \frac{3}{4\pi R}\iint\limits_\sigma \check{N}_\sigma \frac{1}{r^3} (-) \left[\left(1 + \zeta^2 + \frac{h}{R}\right)^{-1/2} - 1\right]\left[r \cos\frac{\vartheta}{2} \cos(\alpha - A) + h \sin\vartheta \cos(\alpha - A)\right] d\varkappa ;$$

$$\Lambda_4 = -\frac{3}{4\pi R}\iint \check{N}_\sigma \frac{1}{r^2} \cos(\alpha - A)\left[\left(1 + \zeta^2 + \frac{h}{R}\right)^{-1/2} - 1\right]\left(1 + \frac{h}{R}\right) d\varkappa .$$

Der Anteil des Gliedes $\frac{h}{R}$ in der eckigen Klammer ist

$$\frac{3}{8\pi R}\iint \check{N}_\sigma \frac{1}{r^2} \cos(\alpha - A)\frac{h}{R}\, d\varkappa$$

und nach ähnlichen Abschätzungen, wie die für Λ_3, gleich

$$10^{-3} \cdot \Theta_\sigma \cong 0 .$$

Also

$$\Lambda_4 = -\frac{3}{4\pi R}\iint \check{N}_\sigma \frac{1}{r^2} \cos(\alpha - A)\,[(1 + \zeta^2)^{-1/2} - 1]\, d\varkappa . \tag{40}$$

$\underline{\Lambda_5}$

$$\Lambda_5 = \frac{1}{2\pi}\iint\limits_\sigma \check{N}_\sigma Z_{40} (-3) Z_{21} Z_{10}\, d\sigma ; \tag{41}$$

$$\Lambda_5 = -\frac{3}{2\pi}\iint \check{N}_\sigma \frac{1}{r^3} \cos(r, \gamma)\,[\cos(r_\sigma, r_\varepsilon) - 1]\,(-) \cos\frac{\vartheta}{2} \cos(\alpha - A)\, d\varkappa ;$$

$$\Lambda_5 = -\frac{3}{4\pi R}\iint \check{N}_\sigma \frac{1}{r^2} \cos(\alpha - A)\,[\cos(r_\sigma, r_\varepsilon) - 1]\, d\varkappa .$$

Aus [1] (124) entnehmen wir

$$\cos(r_\sigma, r) = \frac{1}{\sqrt{1 + \zeta^2}} + \frac{\zeta^2}{2(1 + \zeta^2)^{3/2}}\left(\frac{h}{R} + \frac{r^2}{4R^2}\right) \cong (1 + \zeta^2)^{-1/2} . \tag{42}$$

Also

$$\Lambda_5 = -\frac{3}{4\pi R}\iint \check{N}_\sigma \frac{1}{r^2} \cos(\alpha - A)\,[(1 + \zeta^2)^{-1/2} - 1]\, d\varkappa . \tag{43}$$

$\underline{\Lambda_6}$

$$\Lambda_6 = \frac{1}{2\pi}\iint\limits_\sigma \check{N}_\sigma Z_{40} (-3) Z_{21} Z_{11}\, d\sigma ; \tag{44}$$

$$\Lambda_6 = -\frac{3}{2\pi}\iint \check{N}_\sigma \frac{1}{r^3}\left(-\frac{1}{2}\frac{r}{R}\right)[(1 + \zeta^2)^{-1/2} - 1]\,(-)\frac{h}{r} \sin\vartheta \cos(\alpha - A)\, d\varkappa ;$$

$$\Lambda_6 = -\frac{3}{4\pi R}\iint \check{N}_\sigma \frac{1}{r^2} \cos(\alpha - A)\,[(1 + \zeta^2)^{-1/2} - 1]\frac{h}{R} \cdot d\varkappa \cong \frac{\bar{h}}{R}\Lambda_5 . \tag{45}$$

$\bar{h}$: Mittelwert der Größe h.

$$\Lambda_6 \cong 0 .$$

$\underline{\Lambda_7}$

$$\Lambda_7 = \frac{1}{2\pi}\iint\limits_\sigma \check{N}_\sigma Z_{40} (-3) Z_{21} Z_{12}\, d\sigma ; \tag{46}$$

$$\Lambda_7 = -\frac{3}{2\pi}\iint \check{N}_\sigma \frac{1}{r^3}\left(-\frac{1}{2}\frac{r}{R}\right)[(1 + \zeta^2)^{-1/2} - 1]\,(-r \cos(\alpha - A)) \times$$
$$\times \left(1 + \frac{h}{R}\right)\frac{1}{r}\left[\left(1 + \zeta^2 + \frac{h}{R}\right)^{-1/2} - 1\right] d\varkappa ;$$

$$\Lambda_7 \cong -\frac{3}{4\pi R}\iint \check{N}_\sigma \frac{1}{r^2} \cos(\alpha - A)\,[(1 + \zeta^2)^{-1/2} - 1]\left[\left(1 + \zeta^2 + \frac{h}{R}\right)^{-1/2} - 1\right] d\varkappa ; \tag{47a}$$

$$\Lambda_7 = -\frac{3}{4\pi R}\iint \check{N}_\sigma \frac{1}{r^2} \cos(\alpha - A)\left(\frac{1}{4}\zeta^4 - \frac{3}{8}\zeta^6\right) d\varkappa . \tag{47b}$$

$\underline{\Lambda_8}$

$$\Lambda_8 = \frac{1}{2\pi} \iint\limits_\sigma \check{N}_\sigma Z_{40} (-3)(Z_{22} + Z_{23}) Z_{10}\, d\sigma; \tag{48}$$

$$\Lambda_8 = -\frac{3}{2\pi} \iint \check{N}_\sigma \frac{1}{r^3} [\sin(r,\gamma)\sin(r_\sigma, r) - \sin(r_\sigma,\gamma)\,\mathrm{tg}(\gamma,n)\cos\tau] \left[-\cos\frac{\vartheta}{2}\cos(\alpha - A)\right]\left(1 + \frac{2h}{R}\right) d\varkappa. \tag{49}$$

Wir setzen $\cos\frac{\vartheta}{2} = 1$ und vergleichen (49) mit [1] (27b).

Berücksichtigen wir, daß

$$\mathrm{tg}\,\nu_r = \mathrm{tg}(\gamma, n)\cos\tau,$$

so erkennen wir, daß wir aus dem Integral für Φ_2, [1] (27b), das vorstehende Integral für Λ_8 (49) erhalten, wenn wir den Integranden mit

$$+\,2\pi r^2 \cdot \frac{3}{2\pi r^3}\cos(\alpha - A) = 3\frac{1}{r}\cos(\alpha - A)$$

multiplizieren. Aus [1], (78) (79) (80) (81) und den sich anschließenden Untersuchungen bis zu den Gleichungen [1] (92) (93), finden wir dann

$$\begin{aligned}
\Lambda_8 &= \sum_{i=1}^{3} \Lambda_{8i}; \\
\Lambda_{8.1} &= \frac{3}{2\pi}\iint \check{N}_\sigma \frac{1}{r^2}\cos(\alpha - A)\frac{1}{\sqrt{1+\zeta^2}}\frac{\partial\zeta}{\partial r}\,d\varkappa; \\
\Lambda_{8.2} &= \frac{9}{4\pi R}\iint \check{N}_\sigma \frac{1}{r^2}\cos(\alpha - A)\frac{\zeta}{\sqrt{1+\zeta^2}}(\zeta + \mathrm{tg}\,\nu_r)\,d\varkappa; \\
\Lambda_{8.3} &= -\frac{3}{2\pi R}\iint \check{N}_\sigma \frac{1}{r}\cos(\alpha - A)\frac{\zeta^2}{\sqrt{1+\zeta^2}}\,dr\,d\alpha.
\end{aligned} \tag{50}$$

Ein relativer Fehler von der Größenordnung $1 + \frac{2h}{R}$ in Λ_8 kann vernachlässigt werden, weil er in den Lotabweichungen einen noch kleineren relativen Fehler verursacht.

Nun ist, vgl. [1] S. 33,

$$\mathrm{tg}\,\nu_r = \left(-\zeta - r\frac{\partial\zeta}{\partial r}\right)\left(1 - \frac{h}{R}\right)\cos\frac{\vartheta}{2}. \tag{51}$$

also

$$\zeta + \mathrm{tg}\,\nu_r \cong \left(\zeta + r\frac{\partial\zeta}{\partial r}\right)\frac{h}{R} - r\frac{\partial\zeta}{\partial r}. \tag{51a}$$

Setzen wir (51) in die Gleichung (50) für $\Lambda_{8.2}$ ein, so folgt wegen $r\zeta = h$

$$\begin{aligned}
\Lambda_{8.2} &= \sum_{j=1}^{3} \Lambda_{8.2.j}; \\
\Lambda_{8.2.1} &= -\frac{9}{4\pi R}\iint \frac{\check{N}_\sigma}{r}\cos(\alpha - A)\frac{h}{\sqrt{1+\zeta^2}}\frac{\partial\zeta}{\partial r}\,dr\,d\alpha \cong -\frac{3}{2}\frac{\bar{h}}{R}\Lambda_{8.1} \cong 0; \\
\Lambda_{8.2.2} &= \frac{9}{4\pi R}\iint \frac{\check{N}_\sigma}{r}\cos(\alpha - A)\frac{h}{R}\frac{\zeta^2}{\sqrt{1+\zeta^2}}\,dr\,d\alpha \cong -\frac{3}{2}\frac{\bar{h}}{R}\Lambda_{8.3} \cong 0; \\
\Lambda_{8.2.3} &= \frac{9}{4\pi R}\iint \frac{\check{N}_\sigma}{r}\cos(\alpha - A)\frac{h}{R}h\frac{\frac{\partial\zeta}{\partial r}}{\sqrt{1+\zeta^2}}\,dr\,d\alpha \cong -\frac{\bar{h}}{R}\Lambda_{8.2.1} \cong \frac{3}{2}\left(\frac{\bar{h}}{R}\right)^2\Lambda_{8.1} \cong 0.
\end{aligned} \tag{52}$$

$\bar{h}$ ist ein geeignet gewählter Mittelwert von h.

Wir brauchen also nur $\Lambda_{8.1}$ und $\Lambda_{8.3}$ zu berechnen, $\Lambda_{8.2}$ können wir vernachlässigen.

$$\Lambda_8 = \frac{3}{2\pi}\iint \check{N}_\sigma \frac{1}{r^2}\cos(\alpha - A)\frac{1}{\sqrt{1+\zeta^2}}\frac{\partial\zeta}{\partial r}\,d\varkappa - \frac{3}{2\pi R}\iint \frac{\check{N}_\sigma}{r}\cos(\alpha - A)\frac{\zeta^2}{\sqrt{1+\zeta^2}}\,dr\,d\alpha. \tag{53}$$

$\underline{\Lambda_9}$

$$\Lambda_9 = \frac{1}{2\pi}\iint \check{N}_\sigma Z_{40} (-3)(Z_{22} + Z_{23}) Z_{11}\, d\sigma\,; \tag{54}$$

$$Z_{11} \cong \frac{h}{R} Z_{10}\,.$$

Also

$$\Lambda_9 \cong \frac{h}{R}\cdot \Lambda_8 \cong 0\,. \tag{55}$$

$\underline{\Lambda_{10}}$

$$\Lambda_{10} = \frac{1}{2\pi}\iint\limits_\sigma \check{N}_\sigma Z_{40} (-3)(Z_{22} + Z_{23}) Z_{12}\, d\sigma\,. \tag{56}$$

Nun ist

$$Z_{12} = \frac{r - r_\sigma}{r_\sigma}(Z_{10} + Z_{11}) = \left[\left(1 + \zeta^2 + \frac{h}{R}\right)^{-1/2} - 1\right](Z_{10} + Z_{11})\,.$$

Wir erhalten also das Integral für Λ_{10} aus dem Integral für die Summe $\Lambda_8 + \Lambda_9$, indem wir den Integranden des Integrals von $\Lambda_8 + \Lambda_9$ mit

$$\left(1 + \zeta^2 + \frac{h}{R}\right)^{-1/2} - 1 \cong (1 + \zeta^2)^{-1/2} - 1$$

multiplizieren.

$$Z_{10} + Z_{11} + Z_{12} = (1 + \zeta^2)^{-1/2}(Z_{10} + Z_{11}) \cong (1 + \zeta^2)^{-1/2} Z_{10}\,.$$

So folgt für die Summe $\Lambda_8 + \Lambda_9 + \Lambda_{10}$:

$$\Lambda_8 + \Lambda_9 + \Lambda_{10} \cong \frac{3}{2\pi}\iint \check{N}_\sigma \frac{1}{r^2}\cos(\alpha - A)\frac{1}{1+\zeta^2}\frac{\partial\zeta}{\partial r}\, d\varkappa - \frac{3}{2\pi R}\iint \frac{\check{N}_\sigma}{r}\cos(\alpha - A)\frac{\zeta^2}{1+\zeta^2}\, dr\, d\alpha\,. \tag{57}$$

$\underline{\Lambda_{11}}$

$$\Lambda_{11} = \frac{1}{2\pi}\iint\limits_\sigma \check{N}_\sigma Z_{40} Z_{31}\, d\sigma = \frac{1}{2\pi}\iint \check{N}_\sigma \frac{1}{r^3}\sin(\gamma, n)\cos\tau\cos\vartheta\cos(\alpha - A)\, d\sigma\,; \tag{58}$$

$$\Lambda_{11} = \frac{1}{2\pi}\iint \check{N}_\sigma \frac{1}{r^3}\operatorname{tg}(\gamma, n)\cos\tau\cos(\alpha - A)\, d\varkappa\,. \tag{59}$$

Nun wird mit (51)

$$\operatorname{tg}(\gamma, n)\cos\tau = \operatorname{tg}\nu_r = -\left(\zeta + r\frac{\partial\zeta}{\partial r}\right)\left(1 - \frac{h}{R}\right)\cos\frac{\vartheta}{2}\,; \qquad \operatorname{tg}\nu_r \cong -\zeta - r\frac{\partial\zeta}{\partial r}\,. \tag{60}$$

Setzen wir (60) in (59) ein, so folgt

$$\Lambda_{11} = -\frac{1}{2\pi}\iint \check{N}_\sigma \frac{1}{r^3}\left(\zeta + r\frac{\partial\zeta}{\partial r}\right)\cos(\alpha - A)\, d\varkappa\,. \tag{61}$$

$\underline{\Lambda_{12}}$

$$\Lambda_{12} = \frac{1}{2\pi}\iint\limits_\sigma \check{N}_\sigma Z_{40} Z_{32}\, d\sigma = \frac{1}{2\pi}\iint \check{N}_\sigma \frac{1}{r^3}\sin(\gamma, n)\sin\tau\sin(\alpha - A)\, d\sigma\,. \tag{62}$$

Mit [2] (89), nämlich

$$\operatorname{tg}(\gamma, n)\sin\tau = -\operatorname{tg}\nu_\alpha = \frac{1}{r}\frac{\partial h}{\partial\alpha}\frac{1}{\cos\frac{\vartheta}{2}\left(1 + \frac{h}{R}\right)}\,, \tag{63}$$

folgt wegen

$$\cos(\gamma, n)\, d\sigma \cong \left(1 + \frac{2h}{R}\right) d\varkappa$$

$$\Lambda_{12} \cong \frac{1}{2\pi}\iint \check{N}_\sigma \frac{1}{r^4}\frac{\partial h}{\partial\alpha}\sin(\alpha - A)\left(1 + \frac{h}{R}\right) d\varkappa\,.$$

Das zweite Glied in Λ_{12} ist wegen $\frac{\breve{N}_\sigma}{r} \cong \Theta_\sigma$ von der Größenordnung

$$\Theta_\sigma \cdot 0{,}636 \frac{\bar{h}}{R} \int \overline{\frac{\operatorname{tg} \nu_\alpha}{r}} \cdot dr$$

und somit immer kleiner als

$$\Theta_\sigma \frac{\bar{h}}{R},$$

wobei der Querstrich wieder die Mittelung anzeigt.
Also

$$\Lambda_{12} = \frac{1}{2\pi} \int\int \breve{N}_\sigma \frac{1}{r^4} \frac{\partial h}{\partial \alpha} \sin(\alpha - A)\, d\varkappa\,. \tag{64}$$

$F_6(N_\sigma)$

Λ_{13}

$$\Lambda_{13} = \frac{1}{2\pi} \int\int_\sigma \breve{N}_\sigma Z_{41} (-3) Z_{20} Z_{10}\, d\sigma\,; \tag{65}$$

$$\Lambda_{13} = \frac{1}{2\pi} \int\int \breve{N}_\sigma \frac{1}{r^3} \left[\left(1 + \zeta^2 + \frac{h}{R}\right)^{-3/2} - 1\right] (-3) \left[-\sin\frac{\vartheta}{2} \cos(\gamma, n)\right] \left[-\cos\frac{\vartheta}{2} \cos(\alpha - A)\right] d\sigma\,;$$

$$\Lambda_{13} = -\frac{3}{4\pi R} \int\int \breve{N}_\sigma \frac{1}{r^2} \cos(\alpha - A) \left[\left(1 + \zeta^2 + \frac{h}{R}\right)^{-3/2} - 1\right] d\varkappa\,. \tag{66}$$

Λ_{14}

$$\Lambda_{14} = \frac{1}{2\pi} \int\int_\sigma \breve{N}_\sigma Z_{41} Z_{30}\, d\sigma\,; \tag{67}$$

$$\Lambda_{14} = \frac{1}{2\pi} \int\int \breve{N}_\sigma \frac{1}{r^3} \left[\left(1 + \zeta^2 + \frac{h}{R}\right)^{-3/2} - 1\right] \cos(\gamma, n) \sin\vartheta \cos(\alpha - A)\, d\sigma\,;$$

$$\Lambda_{14} = \frac{1}{2\pi R} \int\int \breve{N}_\sigma \frac{1}{r^2} \cos(\alpha - A) \left[\left(1 + \zeta^2 + \frac{h}{R}\right)^{-3/2} - 1\right] d\varkappa\,. \tag{68}$$

Die Summe von Λ_{13} und Λ_{14} ist

$$\Lambda_{13} + \Lambda_{14} = -\frac{1}{4\pi R} \int\int \breve{N}_\sigma \frac{1}{r^2} \cos(\alpha - A) \left[\left(1 + \zeta^2 + \frac{h}{R}\right)^{-3/2} - 1\right] d\varkappa\,. \tag{69}$$

Die übrigen in dem Ausdruck (20f) für die Funktion $F_6(\breve{N}_\sigma)$ vorkommenden Glieder ergeben sich aus bestimmten analog aufgebauten und leicht zu erkennenden Gliedern im Ausdruck (20e) für die Funktion $F_5(\breve{N}_\sigma)$ indem man die Integranden mit

$$\frac{Z_{41}}{Z_{40}} = \left(1 + \zeta^2 + \frac{h}{R}\right)^{-3/2} - 1 \cong (1 + \zeta^2)^{-3/2} - 1 = -\frac{3}{2}\zeta^2 + \frac{15}{8}\zeta^4 - \frac{35}{16}\zeta^6 + - \cdots \tag{70}$$

multipliziert.

Wir machen die entsprechenden Größen durch einen Stern-Index Λ_{i*} kenntlich und benutzen dabei folgende Regel:
Wenn

$$\Lambda_i = \iint_\sigma I_i \cdot d\sigma\,,$$

dann

$$\Lambda_{i*} = \int\int_\sigma \frac{Z_{41}}{Z_{40}} I_i \cdot d\sigma\,.$$

Im einzelnen ergibt sich:

Λ_{3*}

$$\Lambda_{3*} = 0\,. \tag{71}$$

$\underline{\Lambda_{4*}}$

$$\Lambda_{4*} = -\frac{3}{4\pi R}\iint \breve{N}_\sigma \frac{1}{r^2}\cos(\alpha - A)\,[(1+\zeta^2)^{-1/2} - 1]\,[(1+\zeta^2)^{-3/2} - 1]\,d\varkappa\,;$$

$$\Lambda_{4*} = -\frac{3}{4\pi R}\iint \breve{N}_\sigma \frac{1}{r^2}\cos(\alpha - A)\left[\frac{3}{4}\zeta^4 - \frac{3}{2}\zeta^6\right]d\varkappa\,. \tag{72}$$

$\underline{\Lambda_{5*}}$

$$\Lambda_{5*} = \Lambda_{4*}\,. \tag{73}$$

$\underline{\Lambda_{6*}}$

$$\Lambda_{6*} = 0\,. \tag{74}$$

$\underline{\Lambda_{7*}}$

$$\Lambda_{7*} = -\frac{3}{4\pi R}\iint \breve{N}_\sigma \frac{1}{r^2}\cos(\alpha - A)\left[\frac{1}{4}\zeta^4 - \frac{3}{8}\zeta^6\right][(1+\zeta^2)^{-3/2} - 1]\,d\varkappa\,;$$

$$\Lambda_{7*} = -\frac{3}{4\pi R}\iint \breve{N}_\sigma \frac{1}{r^2}\cos(\alpha - A)\left(-\frac{3}{8}\zeta^6\right)d\varkappa\,. \tag{75}$$

$\underline{\Lambda_{8*} + \Lambda_{9*} + \Lambda_{10*}}$

$$\Lambda_{8*} + \Lambda_{9*} + \Lambda_{10*} = \frac{3}{2\pi}\iint \breve{N}_\sigma \frac{1}{r^2}\cos(\alpha - A)\,(1+\zeta^2)^{-1}\,[(1+\zeta^2)^{-3/2} - 1]\,\frac{\partial\zeta}{\partial r}\,d\varkappa -$$
$$- \frac{3}{2\pi R}\iint \breve{N}_\sigma \frac{1}{r^2}\cos(\alpha - A)\,\zeta^2\,(1+\zeta^2)^{-1}\,[(1+\zeta^2)^{-3/2} - 1]\,d\varkappa\,; \tag{76}$$

$$\Lambda_{8*} + \Lambda_{9*} + \Lambda_{10*} = \frac{3}{2\pi}\iint \breve{N}_\sigma \frac{1}{r^2}\cos(\alpha - A)\left[-\frac{3}{2}\zeta^2 + \frac{27}{8}\zeta^4 - \frac{89}{16}\zeta^6\right]\frac{\partial\zeta}{\partial r}\,d\varkappa -$$
$$- \frac{3}{2\pi R}\iint \breve{N}_\sigma \frac{1}{r^2}\cos(\alpha - A)\left[-\frac{3}{2}\zeta^4 + \frac{27}{8}\zeta^6\right]d\varkappa\,. \tag{77}$$

$\underline{\Lambda_{11*}}$

$$\Lambda_{11*} = -\frac{1}{2\pi}\iint \breve{N}_\sigma \frac{1}{r^3}\left(\zeta + r\frac{\partial\zeta}{\partial r}\right)[(1+\zeta^2)^{-3/2} - 1]\cos(\alpha - A)\,d\varkappa\,; \tag{78}$$

$\underline{\Lambda_{12*}}$

$$\Lambda_{12*} = \frac{1}{2\pi}\iint \breve{N}_\sigma \frac{1}{r^4}\sin(\alpha - A)\,[(1+\zeta^2)^{-3/2} - 1]\,\frac{\partial h}{\partial\alpha}\,d\varkappa\,. \tag{79}$$

$\underline{\underline{F_7(N_\sigma)}}$

$\underline{\Lambda_{15}}$

$$\Lambda_{15} = \frac{1}{\pi R}\iint N_\sigma Z_{51}\cos(\gamma, n)\,d\sigma = \frac{1}{\pi R}\iint N_\sigma \frac{1}{r^3}h\sin\vartheta\cos(\alpha - A)\,d\varkappa\,. \tag{80}$$

Ein Vergleich mit (29) ergibt als Abschätzung der Größenordnung von Λ_{15}:

$$\Lambda_{15} \cong \frac{N_\sigma}{R}\frac{2G}{\Delta g^*}\Lambda_1$$

mit

$$\frac{\Delta g^*}{G} \doteq 10^{-4}\,; \qquad \frac{N_\sigma}{R} = 10^{-5}\,; \qquad \Lambda_{15} \cong 0{,}2\,\Lambda_1 = 0{,}''01 \cong 0\,. \tag{81}$$

Λ_{16}

$$\Lambda_{16} = \frac{1}{\pi R} \iint N_\sigma Z_{52} \cos(\gamma, n)\, d\sigma ; \tag{82}$$

$$\Lambda_{16} = \frac{1}{\pi R} \iint N_\sigma \frac{1}{r^2} \cos(\alpha - A) \left[\left(1 + \zeta^2 + \frac{h}{R}\right)^{-3/2} - 1\right]\left(1 + \frac{h}{R}\right) d\varkappa .$$

Der Anteil des in der eckigen Klammer stehenden Gliedes $\frac{h}{R}$ ist mit den Untersuchungen über Λ_2

$$-\frac{3}{2\pi R} \iint N_\sigma \frac{1}{r^2} \cos(\alpha - A) \frac{h}{R}\, d\varkappa \cong \frac{N_\sigma}{R} \frac{2G}{\Delta g^*} \Lambda_2^0 = 10^{-5}\, 2 \cdot 10^4 \Lambda_2^0 = 0{,}''015 \cong 0 .$$

Es folgt

$$\Lambda_{16} = \frac{1}{\pi R} \iint N_\sigma \frac{1}{r^2} \cos(\alpha - A) \left[(1 + \zeta^2)^{-3/2} - 1\right] d\varkappa . \tag{83}$$

Zusammenstellung der Formeln für die Λ_i, Λ_{i*}.

$$\Lambda_1 \cong 0 ;$$

$$\Lambda_2 = \frac{1}{2\pi G} \iint \Delta g^* \frac{1}{r^2} \cos(\alpha - A) \left[(1 + \zeta^2)^{-3/2} - 1\right] d\varkappa ;$$

$$\Lambda_3 = 0 ;$$

$$\Lambda_4 = -\frac{3}{4\pi R} \iint \check{N}_\sigma \frac{1}{r^2} \cos(\alpha - A) \left[(1 + \zeta^2)^{-1/2} - 1\right] d\varkappa ;$$

$$\Lambda_5 = -\frac{3}{4\pi R} \iint \check{N}_\sigma \frac{1}{r^2} \cos(\alpha - A) \left[(1 + \zeta^2)^{-1/2} - 1\right] d\varkappa ;$$

$$\Lambda_6 \cong 0 ;$$

$$\Lambda_7 = -\frac{3}{4\pi R} \iint \check{N}_\sigma \frac{1}{r^2} \cos(\alpha - A) \left(\frac{1}{4}\zeta^4 - \frac{3}{8}\zeta^6\right) d\varkappa ,$$

$$\frac{1}{4}\zeta^4 - \frac{3}{8}\zeta^6 \cdots = \left[(1 + \zeta^2)^{-1/2} - 1\right]^2 = 1 + (1 + \zeta^2)^{-1} - 2\,(1 + \zeta^2)^{-1/2} ;$$

$$\Lambda_8 + \Lambda_9 + \Lambda_{10} = \Lambda_{8.9.10..1} + \Lambda_{8.9.10..2} =$$

$$= \frac{3}{2\pi} \iint \check{N}_\sigma \frac{1}{r^2} \cos(\alpha - A) \frac{1}{1 + \zeta^2} \frac{\partial \zeta}{\partial r} d\varkappa - \frac{3}{2\pi R} \iint \check{N}_\sigma \frac{1}{r^2} \cos(\alpha - A) \frac{\zeta^2}{1 + \zeta^2} d\varkappa ;$$

$$\Lambda_{11} = \Lambda_{11..1} + \Lambda_{11..2} = -\frac{1}{2\pi} \iint \check{N}_\sigma \frac{1}{r^3} \cos(\alpha - A) \left(r \frac{\partial \zeta}{\partial r} + \zeta\right) d\varkappa ;$$

$$\Lambda_{12} = \frac{1}{2\pi} \iint \check{N}_\sigma \frac{1}{r^4} \sin(\alpha - A) \frac{\partial h}{\partial \alpha} d\varkappa ; \tag{84}$$

$$\Lambda_{13} + \Lambda_{14} = -\frac{1}{4\pi R} \iint \check{N}_\sigma \frac{1}{r^2} \cos(\alpha - A) \left[(1 + \zeta^2)^{-3/2} - 1\right] d\varkappa ;$$

$$\Lambda_{3*} = 0 ;$$

$$\Lambda_{4*} + \Lambda_{5*} = -\frac{3}{2\pi R} \iint \check{N}_\sigma \frac{1}{r^2} \cos(\alpha - A) \left[\frac{3}{4}\zeta^4 - \frac{3}{2}\zeta^6\right] d\varkappa ,$$

$$\frac{3}{4}\zeta^4 - \frac{3}{2}\zeta^6 \cdots = \left[(1 + \zeta^2)^{-1/2} - 1\right]\left[(1 + \zeta^2)^{-3/2} - 1\right] ;$$

$$\Lambda_{6*} = 0 ;$$

$$\Lambda_{7*} = -\frac{3}{4\pi R} \iint \check{N}_\sigma \frac{1}{r^2} \cos(\alpha - A) \left(-\frac{3}{8}\zeta^6\right) d\varkappa ,$$

$$-\frac{3}{8}\zeta^6 \cdots = \left[(1 + \zeta^2)^{-1/2} - 1\right]^2 \left[(1 + \zeta^2) - 1\right] ;$$

$$\Lambda_{8*} + \Lambda_{9*} + \Lambda_{10*} = \Lambda_{8.9.10*..1} + \Lambda_{8.9.10*..2} =$$

$$= \frac{3}{2\pi} \int\int \check{N}_\sigma \frac{1}{r^2} \cos(\alpha - A) \left[-\frac{3}{2}\zeta^2 + \frac{27}{8}\zeta^4 - \frac{89}{16}\zeta^6 \right] \frac{\partial \zeta}{\partial r} d\varkappa -$$

$$- \frac{3}{2\pi R} \int\int \check{N}_\sigma \frac{1}{r^2} \cos(\alpha - A) \left[-\frac{3}{2}\zeta^4 + \frac{27}{8}\zeta^6 \right] d\varkappa ,$$

$$-\frac{3}{2}\zeta^2 + \frac{27}{8}\zeta^4 - \frac{89}{16}\zeta^6 + \cdots = (1+\zeta^2)^{-1}\left[(1+\zeta^2)^{-3/2} - 1\right],$$

$$-\frac{3}{2}\zeta^4 + \frac{27}{8}\zeta^6 \cdots = \zeta^2 (1+\zeta^2)^{-1}\left[(1+\zeta^2)^{-3/2} - 1\right);$$

$$\Lambda_{11*} = \Lambda_{11_*..1} + \Lambda_{11_*..2} = -\frac{1}{2\pi} \int\int \check{N}_\sigma \frac{1}{r^3} \cos(\alpha - A) \left(r\frac{\partial \zeta}{\partial r} + \zeta \right) \left[(1+\zeta^2)^{-3/2} - 1\right] d\varkappa ;$$

$$\Lambda_{12*} = \frac{1}{2\pi} \int\int \check{N}_\sigma \frac{1}{r^4} \sin(\alpha - A) \left[(1+\zeta^2)^{-3/2} - 1\right] \frac{\partial h}{\partial \alpha} d\varkappa ;$$

$$\Lambda_{15} \cong 0 ;$$

$$\Lambda_{16} = \frac{1}{\pi R} \int\int N_\sigma \frac{1}{r^2} \cos(\alpha - A) \left[(1+\zeta^2)^{-3/2} - 1\right] d\varkappa .$$

Folgende Reihenentwickelungen sind bei den Gleichungen (84) von Interesse:

$$(1+\zeta^2)^{-3/2} - 1 \cong -\frac{3}{2}\zeta^2 + \frac{15}{8}\zeta^4 - \frac{35}{16}\zeta^6 + - \cdots ; \tag{85}$$

$$(1+\zeta^2)^{-1/2} - 1 \cong -\frac{1}{2}\zeta^2 + \frac{3}{8}\zeta^4 - \frac{5}{16}\zeta^6 + - \cdots ; \tag{86}$$

$$(1+\zeta^2)^{-1} = 1 - \zeta^2 + \zeta^4 - \zeta^6 + - \cdots . \tag{87}$$

KAPITEL III

Von den Gleichungen (84) lassen sich solche Integrale, deren Integranden sich um konstante Faktoren unterscheiden, summieren und wir erhalten mit

$$
\begin{aligned}
\Lambda_1^* &= \Lambda_{8.9.10..1} + \Lambda_{11..1} + \Lambda_{8.9.10*..1} + \Lambda_{11*..1}\,;\\
\Lambda_2^* &= \Lambda_{11..2} + \Lambda_{11*..2}\,;\\
\Lambda_3^* &= \Lambda_{12} + \Lambda_{12*}\,;\\
\Lambda_4^* &= \Lambda_4 + \Lambda_5 + \Lambda_7 + \Lambda_{4*} + \Lambda_{5*} + \Lambda_{7*} + \Lambda_{8.9.10..2} + \Lambda_{8.9.10*..2} + \Lambda_{13} + \Lambda_{14} + \Lambda_{16}\,;\\
\Lambda_5^* &= \Lambda_2\,;\\
\Lambda_6^* &= \Lambda_1 + \Lambda_3 + \Lambda_6 + \Lambda_{3*} + \Lambda_{6*} + \Lambda_{15}
\end{aligned}
\tag{88}
$$

und mit (28)

$$\frac{\partial N_{\sigma\cdot 2}}{\partial s} = \sum_{i=1}^{16} \Lambda_i + \sum_{i=3}^{12} \Lambda_{i*} = \sum_{i=1}^{6} \Lambda_i^*\,. \tag{89}$$

Vergleichen wir (88) mit (84), so folgt für die Λ_i^*:

$$\Lambda_1^* = \frac{1}{\pi}\iint N_\sigma \frac{1}{r^2}\cos(\alpha - A)\frac{\partial\zeta}{\partial r}\left[\frac{3}{2}(1+\zeta^2)^{-5/2} - \frac{1}{2}(1+\zeta^2)^{-3/2}\right]d\varkappa\,; \tag{90a}$$

$$\Lambda_2^* = \frac{1}{\pi}\iint \check{N}_\sigma \frac{1}{r^3}\cos(\alpha - A)\left[-\frac{1}{2}\zeta(1+\zeta^2)^{-3/2}\right]d\varkappa\,; \tag{90b}$$

$$\Lambda_3^* = \frac{1}{\pi}\iint \check{N}_\sigma \frac{1}{r^4}\sin(\alpha - A)\frac{\partial h}{\partial\alpha}\left[\frac{1}{2}(1+\zeta^2)^{-3/2}\right]d\varkappa\,; \tag{90c}$$

$$\Lambda_4^* = \frac{1}{\pi R}\iint \check{N}_\sigma \frac{1}{r^2}\cos(\alpha - A)\,D_1(\zeta)\,d\varkappa + \frac{1}{\pi R}\iint N_\sigma \frac{1}{r^2}\cos(\alpha - A)\,[(1+\zeta^2)^{-3/2} - 1]\,d\varkappa\,; \tag{90d}$$

$$\Lambda_5^* = \frac{1}{2\pi G}\iint \Delta g^* \frac{1}{r^2}\cos(\alpha - A)\,[(1+\zeta^2)^{-3/2} - 1]\,d\varkappa\,; \tag{90e}$$

$$\Lambda_6^* \cong 0\,; \tag{90f}$$

$$
\begin{aligned}
D_1(\zeta) = {} & -\frac{3}{2}[(1+\zeta^2)^{-1/2} - 1] - \frac{3}{4}[(1+\zeta^2)^{-1/2} - 1]^2 - \frac{3}{2}[(1+\zeta^2)^{-1/2} - 1]\times\\
& \times[(1+\zeta^2)^{-3/2} - 1] - \frac{3}{4}[(1+\zeta^2)^{-1/2} - 1]^2[(1+\zeta^2)^{-3/2} - 1] - \frac{3}{2}\frac{\zeta^2}{1+\zeta^2} -\\
& - \frac{3}{2}\zeta^2(1+\zeta^2)^{-1}[(1+\zeta^2)^{-3/2} - 1] - \frac{1}{4}[(1+\zeta^2)^{-3/2} - 1]\,;
\end{aligned}
\tag{90g}
$$

$$D_1(\zeta) = \frac{3}{4}[(1+\zeta^2)^{-5/2} - 1] - (1+\zeta^2)^{-3/2} + 1\,.$$

$D_1(\zeta)$ läßt sich durch eine alternierende Reihe darstellen (90h), wenn $\zeta^2 < 1$. Die Größe des Restgliedes dieser Reihe ist also bequem abzuschätzen:

$$D_1(\zeta) = -\frac{3}{8}\zeta^2 + \frac{45}{32}\zeta^4 - \frac{175}{64}\zeta^6 + - \cdots. \tag{90h}$$

Wir wenden uns jetzt der Auflösung der Integrale (90a) bis (90e) für die Λ_i^*, $i = 1, 2, \cdots 6$, zu.

$\underline{\Lambda_1^*}$

Das Integral (90a) für Λ_1^* formen wir durch partielle Integration in bezug auf die Variable r um:

$$u = \breve{N}_\sigma \frac{1}{r}\,; \qquad u' = \frac{\partial}{\partial r}\left(\breve{N}_\sigma \frac{1}{r}\right) = \frac{\partial \breve{N}_\sigma}{\partial r} \cdot \frac{1}{r} - \breve{N}_\sigma \frac{1}{r^2}\,; \tag{91}$$

$$v = \zeta\,(1+\zeta^2)^{-1/2} - \frac{1}{2}\zeta^3\,(1+\zeta^2)^{-3/2}\,; \qquad v' = \left[\frac{3}{2}(1+\zeta^2)^{-5/2} - \frac{1}{2}(1+\zeta^2)^{-3/2}\right]\frac{\partial \zeta}{\partial r}\,; \tag{92}$$

$$\begin{aligned} \Lambda_1^* &= \frac{1}{\pi}\int \cos(\alpha - A)\,d\alpha \left|\breve{N}_\sigma \frac{1}{r}\left[\zeta\,(1+\zeta^2)^{-1/2} - \frac{1}{2}\zeta^3\,(1+\zeta^2)^{-3/2}\right]\right|_{r=0}^{r=1000\text{ km}} + \\ &+ \frac{1}{\pi}\int\!\!\int \cos(\alpha - A)\,\breve{N}_\sigma \frac{1}{r^2}\left[\zeta\,(1+\zeta^2)^{-1/2} - \frac{1}{2}\zeta^3\,(1+\zeta^2)^{-3/2}\right] dr\,d\alpha - \\ &- \frac{1}{\pi}\int\!\!\int \cos(\alpha - A)\,\frac{\partial \breve{N}_\sigma}{\partial r}\cdot\frac{1}{r}\left[\zeta\,(1+\zeta^2)^{-1/2} - \frac{1}{2}\zeta^3\,(1+\zeta^2)^{-3/2}\right] dr\,d\alpha\,. \end{aligned} \tag{93}$$

Das erste Glied auf der rechten Seite von (93) können wir vernachlässigen, wie wir jetzt zeigen. Es ist wegen der mit den Gleichungen (2) bis (15) verbundenen Voraussetzung, daß das Gelände im Aufpunkt P_2 horizontal sei,

$$\zeta \to 0\,, \qquad \text{wenn} \qquad r \to 0\,. \tag{94}$$

Es liegt dann zwischen der durch den Punkt P_2 gehenden horizontalen Ebene und einer beliebigen auf der Erdoberfläche verlaufenden Kurve eine Oskulation erster oder höherer Ordnung vor [17]. Im Falle einer Oskulation 1. Ordnung gilt nämlich

$$h = r^2\,(p_{11}\cos^2\alpha + 2\,p_{12}\sin\alpha\cos\alpha + p_{22}\sin^2\alpha) + 0\,(r^3)$$

und

$$\int_{\alpha=0}^{2\pi} \cos(\alpha - A)\left|\breve{N}_\sigma \frac{1}{r}\,\zeta\right|_{r=\varepsilon} d\alpha \to \int_{\alpha=0}^{2\pi} \cos(\alpha - A)\,\breve{N}_\sigma\,(p_{11}\cos^2\alpha + 2\,p_{12}\sin\alpha\cos\alpha + p_{22}\sin^2\alpha)\,d\alpha = 0\,.$$

Die hier und an anderen Stellen gemachte Annahme: Die Tangentialebene sei im Aufpunkt horizontal, stellt natürlich keine Einschränkung der Gültigkeit der vorstehenden Untersuchungen dar. Wird nämlich die Erdoberfläche im Aufpunkt P_2 so deformiert, daß die Tangentialebene horizontal ist, so hat die damit verbundene Verlagerung beliebig kleiner Erdmassen keinen Einfluß auf die Geoidundulation und Lotabweichungen. Diese Annahme entledigt uns aber ständig wiederkehrender Untersuchungen über die Eigenschaften der Singularität gewisser Funktionen bei Annäherung an den Aufpunkt P_2.

Wenn $r = 1000$ km ist, ist

$$\left[\frac{N_\sigma}{r}\right]_{r=1000\text{ km}}$$

von der Größenordnung der Lotabweichungen und

$$\zeta_r = 1000\text{ km}$$

von der maximalen Größenordnung 10^{-2} bis 10^{-3}.

Bei der Integration über den Bereich $r \geq 1000$ km wird das gleiche Integral — nämlich das erste Glied auf der rechten Seite der Gleichung (93) mit der oberen Grenze $r = 1000$ km — mit umgekehrten Vorzeichen anfallen, ähnlich wie in [1], (175) und (193), das Glied $+\Phi_2^\circ$, und $-\Phi_2^\circ$, erschienen ist. Es wird daher notwendig sein, das erste Integral in (93) zu vernachlässigen.

Es folgt:

$$\begin{aligned} \Lambda_1^* &= \Lambda_{1.1}^* + \Lambda_{1.2}^* = \\ &= \frac{1}{\pi}\int\!\!\int \cos(\alpha - A)\,\breve{N}_\sigma \frac{1}{r^2}\left[\zeta\,(1+\zeta^2)^{-1/2} - \frac{1}{2}\zeta^3\,(1+\zeta^2)^{-3/2}\right] dr\,d\alpha - \\ &- \frac{1}{\pi}\int\!\!\int \cos(\alpha - A)\,\frac{\partial \breve{N}_\sigma}{\partial r}\cdot\frac{1}{r}\left[\zeta\,(1+\zeta^2)^{-1/2} - \frac{1}{2}\zeta^3\,(1+\zeta^2)^{-3/2}\right] dr\,d\alpha\,; \end{aligned} \tag{95}$$

$$\zeta\,(1+\zeta^2)^{-1/2} - \frac{1}{2}\zeta^3\,(1+\zeta^2)^{-3/2} = \zeta - \zeta^3 + \frac{9}{8}\zeta^5 - \frac{5}{4}\cdot\zeta^7 + - \cdots.$$

Λ_3^*

$$\Lambda_3^* = \frac{1}{\pi}\int\limits_r \frac{1}{r^2}\,dr \int\limits_{\alpha=0}^{2\pi} \check{N}_\sigma \sin(\alpha - A)\left[\frac{1}{2}(1+\zeta^2)^{-3/2}\right]\frac{\partial\zeta}{\partial\alpha}\,d\alpha\,.$$

Durch partielle Integration in bezug auf die Variable α mit

$$u = N_\sigma\,; \qquad u' = \frac{\partial \check{N}_\sigma}{\partial\alpha}\,; \tag{96}$$

$$v = \sin(\alpha - A)\,\frac{1}{2}\cdot\zeta\,(1+\zeta^2)^{-1/2} \qquad v' = \sin(\alpha - A)\,\frac{1}{2}(1+\zeta^2)^{-3/2}\,\frac{\partial\zeta}{\partial\alpha} + $$
$$+ \cos(\alpha - A)\,\frac{1}{2}\zeta\,(1+\zeta^2)^{-1/2}$$

und wegen

$$\frac{1}{\pi}\int\limits_r \frac{1}{r^2}\,dr\,\left|\check{N}_\sigma \sin(\alpha - A)\,\frac{1}{2}\zeta\,(1+\zeta^2)^{-1/2}\right|_{\alpha=0}^{\alpha=2\pi} = 0\,, \tag{97}$$

erhalten wir

$$\Lambda_3^* = \Lambda_{3.1}^* + \Lambda_{3.2}^* = -\frac{1}{\pi}\iint \check{N}_\sigma\,\frac{1}{r^3}\cos(\alpha - A)\,\frac{1}{2}\zeta\,(1+\zeta^2)^{-1/2}\,d\varkappa -$$
$$-\frac{1}{\pi}\iint \frac{\partial\check{N}_\sigma}{\partial\alpha}\,\frac{1}{r^2}\sin(\alpha - A)\,\frac{1}{2}\zeta\,(1+\zeta^2)^{-1/2}\,dr\,d\alpha\,. \tag{98}$$

Daraus folgt:

$$\Lambda_{1.1}^* + \Lambda_2^* + \Lambda_{3.1}^* = 0\,; \tag{99}$$

$$\Lambda_1^* + \Lambda_2^* + \Lambda_3^* = \Lambda_{1.2}^* + \Lambda_{3.2}^*\,. \tag{100}$$

So folgt aus (23) (89) (90a ⋯ f) (95) (98) (99) (100), wenn wir $A = 0°$ und $A = 90°$ wählen, also mit der Nord-Süd- und Ost-Westkomponente der Lotabweichung rechnen:

$$\sum_{i=1}^{6}\Lambda_i^* = \frac{1}{\pi}\iint\left(-\frac{\partial\check{N}_\sigma}{\partial r}\right)\begin{Bmatrix}\cos\alpha\\ \sin\alpha\end{Bmatrix}\frac{1}{r}\left(\zeta\,(1+\zeta^2)^{-1/2} - \frac{1}{2}\zeta^3\,(1+\zeta^2)^{-3/2}\right)dr\,d\alpha\, +$$
$$+\frac{1}{\pi}\iint\left(-\frac{1}{r}\frac{\partial\check{N}_\sigma}{\partial\alpha}\right)\begin{Bmatrix}+\sin\alpha\\ -\cos\alpha\end{Bmatrix}\frac{1}{r}\left(\frac{1}{2}\zeta\,(1+\zeta^2)^{-1/2}\right)dr\,d\alpha$$
$$+\frac{1}{\pi R}\iint \check{N}_\sigma\,\frac{1}{r^2}\begin{Bmatrix}\cos\alpha\\ \sin\alpha\end{Bmatrix}D_1(\zeta)\,d\varkappa + \frac{1}{\pi R}\iint N_\sigma\,\frac{1}{r^2}\cos(\alpha - A)\,[(1+\zeta^2)^{-3/2} - 1]\,d\varkappa$$
$$+\frac{1}{2\pi G}\iint \Delta g^*\,\frac{1}{r^2}\begin{Bmatrix}\cos\alpha\\ \sin\alpha\end{Bmatrix}[(1+\zeta^2)^{-3/2} - 1]\,d\varkappa\,. \tag{101}$$

Die „inneren“ Differentialquotienten

$$\frac{\partial\check{N}_\sigma}{\partial r} \quad \text{und} \quad \frac{1}{r}\frac{\partial\check{N}_\sigma}{\partial\alpha}$$

wollen wir näher betrachten.

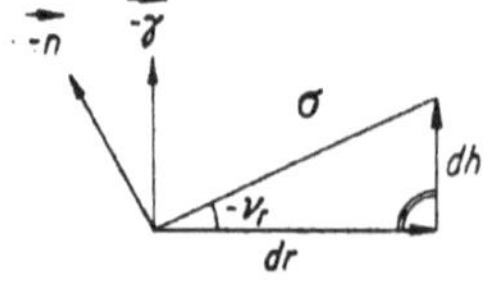

Bild 1.

Es ist nämlich, indem wir die Differentiation in eine horizontale und in eine vertikale Komponente zerlegen, vgl. Bild 1:

$$\frac{\partial\check{N}_\sigma}{\partial r} = \left[\frac{\partial N}{\partial r}\right]_\sigma + \left[\frac{\partial N}{\partial h}\frac{\partial h}{\partial r}\right]_\sigma\,; \qquad \frac{1}{r}\frac{\partial\check{N}_\sigma}{\partial\alpha} = \frac{1}{r}\left[\frac{\partial N}{\partial\alpha}\right]_\sigma + \frac{1}{r}\left[\frac{\partial N}{\partial h}\frac{\partial h}{\partial\alpha}\right]_\sigma. \tag{101a}$$

Die ersten Glieder auf den rechten Seiten der beiden vorstehenden Gleichungen sind nach Umkehrung der Vorzeichen gleich den Lotabweichungen an der Erdoberfläche in der $+r =$ bzw. $+\alpha =$ Richtung. Aus (2) folgt nämlich, wenn wir approximativ setzen

$$\frac{1}{\gamma_\sigma}T_\sigma \cong \frac{1}{G}T_\sigma \cong N_\sigma\,;$$

$$\left[\frac{\partial N}{\partial r}\right]_\sigma = -\Theta_{\sigma\cdot r} = -\Theta_r + \tau_r - \tau_r^n\,; \qquad \frac{1}{r}\left[\frac{\partial N_\sigma}{\partial\alpha}\right]_\sigma = -\Theta_{\sigma\cdot\alpha} = -\Theta_\alpha + \tau_\alpha - \tau_\alpha^n. \tag{101b}$$

Für die Differentiation in vertikaler Richtung, nämlich in der Richtung des nach außen zeigenden Vektors $\vec{h}$ entnehmen wir aus [2] S. 104:

$$\frac{1}{G}\left[\frac{\partial T}{\partial n}\right]_\sigma \cdot \frac{1}{\cos(\gamma, n)} = \left[\frac{\partial N}{\partial n}\right]_\sigma \frac{1}{\cos(\gamma, n)} = \frac{\Delta g_F}{G} + \Theta_\sigma \operatorname{tg}(\gamma, n) \cos(\alpha_1 - \alpha_2) + \frac{2}{G}\left(\bar{H}_\gamma + \omega^2 \frac{1}{G}\right) T_\sigma$$

$$\cong \frac{\Delta g_F}{G} + \Theta_\sigma \operatorname{tg}(\gamma, n) \cos(\alpha_1 - \alpha_2) + \frac{2}{R} N_\sigma .$$

Für den Vektor $\vec{n}$ müssen wir jetzt den Vektor

$$\vec{h} = -\vec{\gamma}$$

setzen. Mit

$$\cos(\vec{\gamma}, \vec{h}) = \cos(\vec{\gamma}, -\vec{\gamma}) = \cos \pi = -1 ;$$

$$\operatorname{tg}(\vec{\gamma}, \vec{h}) = \operatorname{tg} \pi = 0$$

wird also

$$\left[\frac{\partial N}{\partial h}\right]_\sigma = -\frac{\Delta g_F}{G} - \frac{2}{R} N_\sigma \tag{101c}$$

und mit

$$\frac{\partial \zeta}{\partial r} = \frac{\partial}{\partial r}\left(\frac{h}{r}\right) = \frac{1}{r}\frac{\partial h}{\partial r} - \frac{1}{r}\zeta ; \qquad \frac{1}{r}\frac{\partial h}{\partial r} = \frac{\partial \zeta}{\partial r} + \frac{1}{r}\zeta$$

und

$$\frac{1}{r}\frac{\partial h}{\partial \alpha} = \frac{\partial \zeta}{\partial \alpha}$$

folgt für (101a)

$$\frac{\partial \check{N}_\sigma}{\partial r} = -\Theta_{\sigma \cdot r} - \left[\frac{\Delta g_F}{G} + \frac{2}{R} N_\sigma\right] r \left[\frac{\partial \zeta}{\partial r} + \frac{1}{r}\zeta\right] ; \qquad \frac{1}{r}\frac{\partial \check{N}_\sigma}{\partial \alpha} = -\Theta_{\sigma \cdot \alpha} - \left[\frac{\Delta g_F}{G} + \frac{2}{R} N_\sigma\right] \frac{\partial \zeta}{\partial \alpha} . \tag{101d}$$

Wir setzen (101d) in (101) ein und erhalten:

$$\begin{aligned}
\sum_{i=1}^{6} \Lambda_i^* = {} & \frac{1}{\pi} \iint \Theta_{\sigma \cdot r} \begin{Bmatrix} \cos \alpha \\ \sin \alpha \end{Bmatrix} \frac{1}{r} \left[\zeta (1 + \zeta^2)^{-1/2} - \frac{1}{2}\zeta^3 (1 + \zeta^2)^{-3/2}\right] dr\, d\alpha \\
& + \frac{1}{\pi} \iint \Theta_{\sigma \cdot \alpha} \begin{Bmatrix} \sin \alpha \\ -\cos \alpha \end{Bmatrix} \frac{1}{r} \frac{1}{2} \zeta (1 + \zeta^2)^{-1/2} dr\, d\alpha + \frac{1}{\pi R} \iint \check{N}_\sigma \frac{1}{r} \begin{Bmatrix} \cos \alpha \\ \sin \alpha \end{Bmatrix} D_1(\zeta)\, dr\, d\alpha \\
& + \frac{1}{\pi R} \iint N_\sigma \frac{1}{r^2} \cos(\alpha - A) \left[(1 + \zeta^2)^{-3/2} - 1\right] d\varkappa \\
& + \frac{1}{2 \pi G} \iint \Delta g^* \frac{1}{r} \begin{Bmatrix} \cos \alpha \\ \sin \alpha \end{Bmatrix} \left[(1 + \zeta^2)^{-3/2} - 1\right] dr\, d\alpha \\
& + \frac{1}{\pi} \iint \left(\frac{\Delta g_F}{G} + \frac{2}{R} N_\sigma\right) \begin{Bmatrix} \cos \alpha \\ \sin \alpha \end{Bmatrix} \left(\frac{\partial \zeta}{\partial r} + \frac{1}{r}\zeta\right) \left[\zeta (1 + \zeta^2)^{-1/2} - \frac{1}{2}\zeta^3 (1 + \zeta^2)^{-3/2}\right] dr\, d\alpha \\
& + \frac{1}{\pi} \iint \left(\frac{\Delta g_F}{G} + \frac{2}{R} N_\sigma\right) \begin{Bmatrix} \sin \alpha \\ -\cos \alpha \end{Bmatrix} \frac{1}{r} \frac{\partial \zeta}{\partial \alpha} \cdot \frac{1}{2} \zeta (1 + \zeta^2)^{-1/2} dr\, d\alpha .
\end{aligned} \tag{101e}$$

KAPITEL IV

In den beiden letzten Gliedern der Gleichung (101e) wollen wir $\frac{\partial\zeta}{\partial r}$ und $\frac{\partial\zeta}{\partial\alpha}$ eliminieren.

Mit

$$\int_0^\zeta \left[\zeta\,(1+\zeta^2)^{-1/2} - \frac{1}{2}\zeta^3\,(1+\zeta^2)^{-3/2}\right]\frac{\partial\zeta}{\partial r}\,dr = +\frac{1}{2}\zeta^2\,(1+\zeta^2)^{-1/2};$$

$$\frac{1}{2}\zeta\,(1+\zeta^2)^{-1/2}\sin(\alpha - A)\frac{\partial\zeta}{\partial\alpha} =$$

$$= \frac{\partial}{\partial\alpha}\left\{\frac{1}{2}[(1+\zeta^2)^{1/2}-1]\sin(\alpha - A)\right\} - \frac{1}{2}[(1+\zeta^2)^{1/2}-1]\cos(\alpha - A)$$

erhalten wir für die beiden letzten Glieder der Gleichung (101e), indem wir in einem Glied eine partielle Integration in bezug auf r als Variable und im anderen Glied in bezug auf α als Variable durchführen:

$$\frac{1}{\pi}\iint\left(\frac{\Delta g_F}{G}+\frac{2}{R}N_\sigma\right)\begin{Bmatrix}\cos\alpha\\ \sin\alpha\end{Bmatrix}\frac{1}{r}\left[\zeta^2\,(1+\zeta^2)^{-1/2}-\frac{1}{2}\zeta^4\,(1+\zeta^2)^{-3/2}\right]dr\,d\alpha\,+$$

$$+\frac{1}{\pi}\int\begin{Bmatrix}\cos\alpha\\ \sin\alpha\end{Bmatrix}d\alpha\left|\left(\frac{\Delta g_F}{G}+\frac{2}{R}N_\sigma\right)\frac{1}{2}\zeta^2\,(1+\zeta^2)^{-1/2}\right|_{r=0}^{r=1000\,\mathrm{km}} -$$

$$-\frac{1}{\pi}\iint\begin{Bmatrix}\cos\alpha\\ \sin\alpha\end{Bmatrix}\frac{1}{2}\zeta^2\,(1+\zeta^2)^{-1/2}\frac{\partial}{\partial r}\left\{\frac{\Delta g_F}{G}+\frac{2}{R}N_\sigma\right\}dr\,d\alpha\,-$$

$$-\frac{1}{\pi}\iint\left(\frac{\Delta g_F}{G}+\frac{2}{R}N_\sigma\right)\begin{Bmatrix}\cos\alpha\\ \sin\alpha\end{Bmatrix}\frac{1}{r}\,\frac{1}{2}[(1+\zeta^2)^{1/2}-1]\,dr\,d\alpha\,-$$

$$-\frac{1}{\pi}\iint\frac{\partial}{\partial\alpha}\left\{\frac{\Delta g_F}{G}+\frac{2}{R}N_\sigma\right\}\frac{1}{r}\,\frac{1}{2}[(1+\zeta^2)^{1/2}-1]\begin{Bmatrix}\sin\alpha\\ -\cos\alpha\end{Bmatrix}dr\,d\alpha \cong$$

$$\cong\frac{1}{\pi}\iint\left(\frac{\Delta g_F}{G}+\frac{2}{R}N_\sigma\right)\begin{Bmatrix}\cos\alpha\\ \sin\alpha\end{Bmatrix}\frac{1}{r}D_2(\zeta)\,dr\,d\alpha\,-$$

$$-\frac{1}{\pi}\iint\frac{\partial}{\partial r}\left\{\frac{\Delta g_F}{G}+\frac{2}{R}N_\sigma\right\}\begin{Bmatrix}\cos\alpha\\ \sin\alpha\end{Bmatrix}\frac{1}{2}\zeta^2\,(1+\zeta^2)^{-1/2}\,dr\,d\alpha$$

$$-\frac{1}{\pi}\iint\frac{1}{r}\frac{\partial}{\partial\alpha}\left\{\frac{\Delta g_F}{G}+\frac{2}{R}N_\sigma\right\}\begin{Bmatrix}\sin\alpha\\ -\cos\alpha\end{Bmatrix}\frac{1}{2}[(1+\zeta^2)^{1/2}-1]\,dr\,d\alpha \tag{101f}$$

mit

$$D_2(\zeta) = \zeta^2\,(1+\zeta^2)^{-1/2} - \frac{1}{2}\zeta^4\,(1+\zeta^2)^{-3/2} - \frac{1}{2}(1+\zeta^2)^{1/2} + \frac{1}{2} = -\frac{1}{2}[(1+\zeta^2)^{-3/2}-1].$$

Und weiter

$$\frac{1}{\pi}\iint\left[\frac{\Delta g_F}{G}+\frac{2}{R}N_\sigma\right]\begin{Bmatrix}\cos\alpha\\ \sin\alpha\end{Bmatrix}\frac{1}{r}D_2(\zeta)\,dr\,d\alpha - \frac{1}{\pi G}\iint\frac{\partial\Delta g_F}{\partial r}\cdot\begin{Bmatrix}\cos\alpha\\ \sin\alpha\end{Bmatrix}\frac{1}{2}\zeta^2\,(1+\zeta^2)^{-1/2}\,dr\,d\alpha$$

$$-\frac{1}{\pi G}\iint\frac{1}{r}\frac{\partial\Delta g_F}{\partial\alpha}\begin{Bmatrix}\sin\alpha\\ -\cos\alpha\end{Bmatrix}\frac{1}{2}[(1+\zeta^2)^{1/2}-1]\,dr\,d\alpha$$

$$-\frac{2}{\pi R}\iint\frac{\partial N_\sigma}{\partial r}\begin{Bmatrix}\cos\alpha\\ \sin\alpha\end{Bmatrix}\frac{1}{2}\zeta^2\,(1+\zeta^2)^{-1/2}\,dr\,d\alpha$$

$$-\frac{2}{\pi R}\iint\frac{1}{r}\frac{\partial N_\sigma}{\partial\alpha}\begin{Bmatrix}\sin\alpha\\ -\cos\alpha\end{Bmatrix}\frac{1}{2}[(1+\zeta^2)^{1/2}-1]\,dr\,d\alpha\,. \tag{101g}$$

Setzen wir in die letzten beiden Gleichungen von (101g) die Werte für

$$\frac{\partial N_\sigma}{\partial r} \quad \text{und} \quad \frac{1}{r}\frac{\partial N_\sigma}{\partial \alpha}$$

nach Gleichung (101d) ein, so bekommen wir Integrale von der Form:

a) Lit. [2] Gleichungen (137b) (137c);
b) Lit. [2] (64), wobei im Integranden noch mit ζ^2 multipliziert ist;
c) Lit. [2] (74), wobei im Integranden noch mit ζ^2 multipliziert ist;
d) der Gleichung (90a) der vorliegenden Schrift, wenn dort der Integrand noch mit $r^2 \frac{1}{R^2} \zeta^2$ multipliziert wird;
e) der Gleichung (90a) der vorliegenden Schrift, wenn dort der Integrand noch mit

$$\frac{\Delta g_F}{G} \cdot \frac{R}{N_\sigma} \frac{r^2}{R^2} \zeta^2$$

multipliziert wird;
f) der Gleichung (90c), wenn dort der Integrand noch mit

$$\frac{r^2}{R^2} \zeta^2$$

multipliziert wird;
g) der Gleichung (90c), wenn dort der Integrand noch mit

$$\frac{\Delta g_F}{G} \cdot \frac{R}{N_\sigma} \frac{r^2}{R^2} \zeta^2$$

multipliziert wird.

Integrale von der Größenordnung der unter a) bis g) genannten können wir ohne Bedenken vernachlässigen.

Also

$$\begin{aligned}\sum_{i=1}^{6} \Lambda_i^* = {} & \frac{1}{\pi} \iint \Theta_{\sigma \cdot r} \begin{Bmatrix} \cos\alpha \\ \sin\alpha \end{Bmatrix} \frac{1}{r} \left[\zeta\,(1+\zeta^2)^{-1/2} - \frac{1}{2}\zeta^3\,(1+\zeta^2)^{-3/2}\right] dr\, d\alpha + \\ & + \frac{1}{\pi} \iint \Theta_{\sigma\cdot\alpha} \begin{Bmatrix} \sin\alpha \\ -\cos\alpha \end{Bmatrix} \frac{1}{r}\,\frac{1}{2}\zeta\,(1+\zeta^2)^{-1/2}\, dr\, d\alpha + \frac{1}{\pi R} \iint \check{N}_\sigma \frac{1}{r} \begin{Bmatrix} \cos\alpha \\ \sin\alpha \end{Bmatrix} D_1(\zeta)\, dr\, d\alpha + \\ & + \frac{1}{\pi G} \iint \frac{1}{r} \begin{Bmatrix} \cos\alpha \\ \sin\alpha \end{Bmatrix} \left[\Delta g_F\, D_2(\zeta) + \frac{1}{2}\Delta g^* \{(1+\zeta^2)^{-3/2} - 1\}\right] dr\, d\alpha - \\ & - \frac{1}{\pi G} \iint \frac{\partial \Delta g_F}{\partial r} \begin{Bmatrix} \cos\alpha \\ \sin\alpha \end{Bmatrix} \frac{1}{2}\zeta^2\,(1+\zeta^2)^{-1/2}\, dr\, d\alpha - \\ & - \frac{1}{\pi G} \iint \frac{1}{r}\frac{\partial \Delta g_F}{\partial \alpha} \begin{Bmatrix} \sin\alpha \\ -\cos\alpha \end{Bmatrix} \frac{1}{2}[(1+\zeta^2)^{1/2} - 1]\, dr\, d\alpha\,; \end{aligned} \tag{101h}$$

$$\begin{Bmatrix} \xi_{\sigma\cdot 1} \\ \eta_{\sigma\cdot 1} \end{Bmatrix} = -\frac{1}{2\pi\varrho''} \int_{\alpha=0}^{2\pi} \int_{\vartheta=0}^{\pi} \Delta g^*\, V_M(\vartheta) \begin{Bmatrix} \cos\alpha \\ \sin\alpha \end{Bmatrix} d\vartheta\, d\alpha\,; \tag{102}$$

$$\Delta g^* = \Delta g_F + \Theta_\sigma \cdot G\, \mathrm{tg}(\gamma, n) \cos(\alpha_1 - \alpha_2)\,; \tag{102a}$$

$$\begin{Bmatrix} \xi_\sigma \\ \eta_\sigma \end{Bmatrix} = \Theta_\sigma \begin{Bmatrix} \cos\alpha_1 \\ \sin\alpha_1 \end{Bmatrix} = \begin{Bmatrix} \xi_{\sigma\cdot 1} \\ \eta_{\sigma\cdot 1} \end{Bmatrix} - \sum_{i=1}^{6} \Lambda_i^*\,. \tag{103}$$

α_1: Azimut der Lotabweichung Θ_σ.
α_2: Azimut der Geländeneigung.
vgl. (5) (23) (23a) (28) (89).

KAPITEL V

Wir setzen nun

$$\left.\begin{matrix}\xi_{\sigma\cdot 1}\\ \eta_{\sigma\cdot 1}\end{matrix}\right\} = -\frac{1}{2\pi\varrho''}\int\limits_{\alpha=0}^{2\pi}\int\limits_{\vartheta=0}^{\pi}\Delta g_F\, V_M(\vartheta)\begin{Bmatrix}\cos\alpha\\ \sin\alpha\end{Bmatrix} d\vartheta\, d\alpha + \begin{Bmatrix}\Delta\xi_{\sigma\cdot 1}\\ \Delta\eta_{\sigma\cdot 1}\end{Bmatrix}; \tag{104}$$

$$\left.\begin{matrix}\Delta\xi_{\sigma\cdot 1}\\ \Delta\eta_{\sigma\cdot 1}\end{matrix}\right\} = -\frac{G}{2\pi\varrho''}\int\limits_{\alpha=0}^{2\pi}\int\limits_{\vartheta=0}^{\pi}\Theta_\sigma\, \mathrm{tg}(\gamma, n)\cos(\alpha_1-\alpha_2)\, V_M(\vartheta)\begin{Bmatrix}\cos\alpha\\ \sin\alpha\end{Bmatrix} d\vartheta\, d\alpha\,. \tag{105}$$

Ist

$$\mathrm{tg}\,\nu_{s_\Theta}$$

die Komponente der Geländeneigung $\mathrm{tg}\,\nu$ im Azimut α_1 der maximalen Lotabweichung Θ_σ, so gilt, vgl. Bild 2:

$$\mathrm{tg}\,\nu_{s_\Theta} = \mathrm{tg}(\gamma, n)\cos(\alpha_1-\alpha_2)\,. \tag{106}$$

Der in Bild 2 dargestellten Figur kann man p.p. in genügender Annäherung die auf einer Kugel herrschende Geometrie zugrunde legen.

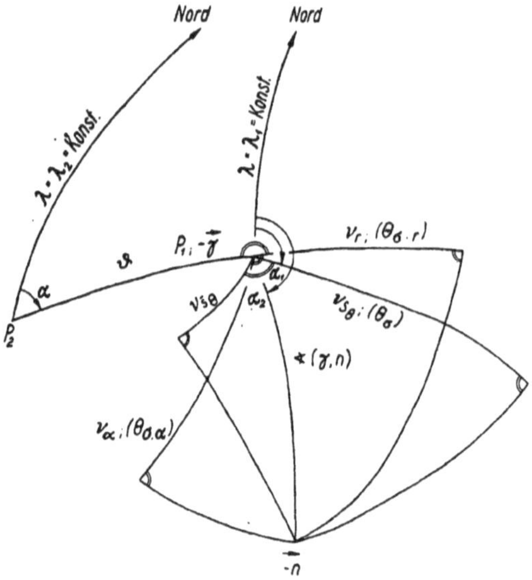

Bild 2. λ: Geographische Länge

In (105) brauchen wir nur über die engere Umgebung des Aufpunktes P_2 zu integrieren; für die Funktion von Vening-Meinesz $V_M(\vartheta)$ benutzen wir in (105) daher eine Reihenentwickelung; [5] (15), [20] (32.4), [21]:

$$V_M(\vartheta) = -\frac{\varrho''}{2G}\sin\vartheta\frac{\partial S_T}{\partial\vartheta} = \frac{\varrho''}{2G}\left[\frac{1}{\sin\frac{\vartheta}{2}} + 3 + 8\sin\frac{\vartheta}{2} - 32\sin^2\frac{\vartheta}{2} - 12\sin^3\frac{\vartheta}{2} + \right.$$

$$\left. + 32\sin^4\frac{\vartheta}{2} - 3\sin^2\vartheta\ln\left(\sin\frac{\vartheta}{2} + \sin^2\frac{\vartheta}{2}\right)\right] = \frac{\varrho''}{G}\left[\frac{1}{\vartheta} + \frac{3}{2} + \frac{49}{24}\vartheta + \cdots\right]$$

$$\vartheta \cong \frac{r}{R}\,. \tag{107}$$

Es folgt, wenn wir (107) in (105) einsetzen

$$\left.\begin{matrix}\Delta\xi_{\sigma\cdot 1}\\ \Delta\eta_{\sigma\cdot 1}\end{matrix}\right\} = -\frac{1}{2\pi}\int\limits_{\alpha=0}^{2\pi}\int\limits_{\vartheta=0}^{\pi}\Theta_\sigma \operatorname{tg}\nu_{s_\Theta}\left\{\begin{matrix}\cos\alpha\\ \sin\alpha\end{matrix}\right\}\left[\frac{1}{r}+\frac{3}{2R}+\cdots\right]dr\,d\alpha\,. \tag{108}$$

Zum Zwecke der Integration der Gleichung (108) führen wir ein GAUSS-KRÜGER-Koordinatensystem (X, Y) ein. Der Aufpunkt P_2 liege auf dem Grundmeridian dieses X, Y-Koordinatensystems. Bild 3 stellt die konforme Abbildung des GAUSS-KRÜGERschen Koordinatensystems in die Ebene dar.

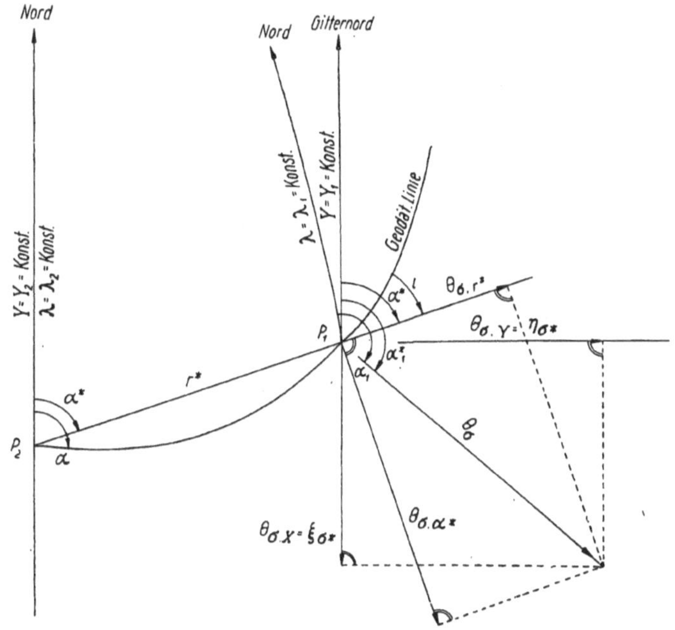

Bild 3

α^* ist in Bild 3 die „ebene“ Richtung vom Punkt P_2 zum Punkt P_1.

r^* ist die gegenseitige „ebene“ Entfernung der Punkte P_1 und P_2. Θ_σ ist wieder die Lotabweichung an der Erdoberfläche σ und in jenem ausgezeichneten astronomischen Azimut α_1 (bzw. in jener ausgezeichneten „ebenen“ Richtung α_1^*), in dem die Lotabweichung das Maximum erreicht. Es gilt für die Komponenten der Lotabweichung in der X- und in der Y-Richtung:

$$\left.\begin{aligned}\Theta_{\sigma\cdot X} &= \xi_{\sigma *} = \Theta_\sigma\cos\alpha_1^*\,;\\ \Theta_{\sigma\cdot Y} &= \eta_{\sigma *} = \Theta_\sigma\sin\alpha_1^*\,;\\ \Theta_{\sigma\cdot X}^2 &+ \Theta_{\sigma\cdot Y}^2 = \Theta_\sigma^2\,;\end{aligned}\right\} \tag{109}$$

$$\left.\begin{aligned}\Theta_{\sigma\cdot r*} &= \Theta_\sigma\cos(\alpha_1^*-\alpha^*) = \xi_{\sigma *}\cos\alpha^* + \eta_{\sigma *}\sin\alpha^*\,;\\ \Theta_{\sigma\cdot\alpha *} &= \Theta_\sigma\sin(\alpha_1^*-\alpha^*) = \eta_{\sigma *}\cos\alpha^* - \xi_{\sigma *}\sin\alpha^*\,;\\ \Theta_{\sigma\cdot r*}^2 &+ \Theta_{\sigma\cdot\alpha *}^2 = \Theta_\sigma^2\,;\end{aligned}\right\} \tag{110}$$

$$\left.\begin{aligned}\Theta_{\sigma\cdot X} &= \Theta_{\sigma\cdot r*}\cos\alpha^* - \Theta_{\sigma\cdot\alpha *}\sin\alpha^*\,;\\ \Theta_{\sigma\cdot Y} &= \Theta_{\sigma\cdot r*}\sin\alpha^* + \Theta_{\sigma\cdot\alpha *}\cos\alpha^*\,.\end{aligned}\right\} \tag{111}$$

Der beim Punkt P_1 in Bild 3 gelegene Winkel ι ist der Winkel zwischen der Abbildung der geodätischen Linie und der geraden Verbindungslinie der Punkte P_1 und P_2.

ι ergibt sich aus der Theorie der „Richtungsreduktion“ in GAUSS-KRÜGER-Koordinaten [6], S. 211 Gl. (44), [HRISTOW schreibt für ι den Ausdruck $-(T_{21}-t_{21})$] wie folgt:

$$\iota = \frac{1}{3R^2}Y_1(X_1-X_2)\,. \tag{112}$$

Mit

$$\frac{Y_1}{R}\cong\frac{1000}{6370}\sin\alpha^*\,;\qquad \frac{X_1-X_2}{R}\cong\frac{1000}{6370}\cos\alpha^*$$

folgt

$$\iota \cong \frac{1}{240} \sin 2\,\alpha^*, \qquad \iota < \frac{1}{240}.$$

In Gleichung (108) wollen wir nun tg ν_{s_Θ} durch die Komponenten der Geländeneigung in der Richtung $\alpha =$ konst. — tg ν_r — und in der Richtung $r =$ konst. — tg ν_α — ausdrücken. Betrachten wir folgende Gleichung:

$$\operatorname{tg} \nu_i = -\frac{dh}{du_i} = -\frac{dh}{dv_1}\frac{dv_1}{du_i} - \frac{dh}{dv_2}\frac{dv_2}{du_i}.$$

Aus dieser Gleichung leiten wir ab:

$$\operatorname{tg} \nu_{s_\Theta} = \operatorname{tg} \nu_r \cos(\alpha_1^* - \alpha^* + \iota) + \operatorname{tg} \nu_\alpha \sin(\alpha_1^* - \alpha^* + \iota). \tag{113}$$

Mit [1] S. 33 erhalten wir, vgl. auch (63):

$$\left.\begin{aligned} \operatorname{tg} \nu_r &= -\frac{\cos\frac{\vartheta}{2}}{1+\frac{h}{R}}\frac{\partial h}{\partial r} \cong -\frac{\partial h}{\partial r};\\ \operatorname{tg} \nu_\alpha &= -\frac{1}{r}\frac{\partial h}{\partial \alpha}\frac{1}{\cos\frac{\vartheta}{2}\left(1+\frac{h}{R}\right)} \cong -\frac{1}{r}\frac{\partial h}{\partial \alpha};\\ \operatorname{tg} \nu_{s_\Theta} &\cong -\frac{\partial h}{\partial r}\cos(\alpha_1^* - \alpha^* + \iota) - \frac{1}{r}\frac{\partial h}{\partial \alpha}\sin(\alpha_1^* - \alpha^* + \iota). \end{aligned}\right\} \tag{114}$$

Setzen wir

$$\left.\begin{matrix}\Delta\xi_{\sigma\cdot 1}\\ \Delta\eta_{\sigma\cdot 1}\end{matrix}\right\} = \sum_{i=1}^{4}\left\{\begin{matrix}\Delta\xi_{\sigma\cdot 1\cdot i}\\ \Delta\eta_{\sigma\cdot 1\cdot i}\end{matrix}\right., \tag{115}$$

so folgt, wenn wir (113) und (114) in (108) einsetzen und einen relativen Fehler von der Größenordnung $\frac{h}{R}$ bzw. $2\sin^2\frac{\vartheta}{2}$ zulassen,

$$\left.\begin{aligned} \left.\begin{matrix}\Delta\xi_{\sigma\cdot 1.1}\\ \Delta\eta_{\sigma\cdot 1.1}\end{matrix}\right\} &= \frac{1}{2\pi}\iint \Theta_\sigma \cos(\alpha_1^* - \alpha^* + \iota)\left\{\begin{matrix}\cos\alpha\\ \sin\alpha\end{matrix}\right\}\frac{\partial h}{\partial r}\frac{1}{r}\,dr\,d\alpha;\\ \left.\begin{matrix}\Delta\xi_{\sigma\cdot 1.2}\\ \Delta\eta_{\sigma\cdot 1.2}\end{matrix}\right\} &= \frac{1}{2\pi}\iint \Theta_\sigma \sin(\alpha_1^* - \alpha^* + \iota)\left\{\begin{matrix}\cos\alpha\\ \sin\alpha\end{matrix}\right\}\frac{\partial h}{\partial \alpha}\frac{1}{r^2}\,dr\,d\alpha;\\ \left.\begin{matrix}\Delta\xi_{\sigma\cdot 1.3}\\ \Delta\eta_{\sigma\cdot 1.3}\end{matrix}\right\} &= \frac{3}{4\pi R}\iint \Theta_\sigma \cos(\alpha_1^* - \alpha^* + \iota)\left\{\begin{matrix}\cos\alpha\\ \sin\alpha\end{matrix}\right\}\frac{\partial h}{\partial r}\,dr\,d\alpha;\\ \left.\begin{matrix}\Delta\xi_{\sigma\cdot 1.4}\\ \Delta\eta_{\sigma\cdot 1.4}\end{matrix}\right\} &= \frac{3}{4\pi R}\iint \Theta_\sigma \sin(\alpha_1^* - \alpha^* + \iota)\left\{\begin{matrix}\cos\alpha\\ \sin\alpha\end{matrix}\right\}\frac{\partial h}{\partial \alpha}\frac{1}{r}\,dr\,d\alpha. \end{aligned}\right\} \tag{116}$$

Wir substituieren

$$\frac{1}{r}\frac{\partial h}{\partial r}dr = \frac{\partial \zeta}{\partial r}dr + \frac{\zeta}{r}dr.$$

Berücksichtigen wir ferner, daß die beiden Winkel

$$\alpha^* - \iota \quad \text{und} \quad \alpha$$

sich innerhalb des Umkreises von 1000 km um so kleine Beträge unterscheiden, daß wir beide Winkel einander gleich setzen können. Aus [6]; S. 188, 189, Gl. (37); entnehmen wir nämlich (wenn wir berücksichtigen, daß HRISTOW für $\alpha^* - \iota$ setzt $T_2 = T_{21} \pm \pi$, und für α setzt $T_1 = T_{12}$)

$$\alpha^* - \iota - \alpha \cong -\frac{1}{2R^2} r^{*2} \sin\alpha^* \cos\alpha^* = -\frac{1}{4R^2} r^{*2} \sin 2\,\alpha^*,$$

und mit

$$r^* \leq 1000 \text{ km}$$

folgt

$$|\alpha^* - \iota - \alpha| < \frac{1}{160}. \tag{116a}$$

Einen relativen Fehler von der Größenordnung $\left(\frac{r^*}{2R}\right)^2$ in den Integranden der $\Delta\xi_{\sigma\cdot 1\cdot i}$ bzw. $\Delta\eta_{\sigma\cdot 1\cdot i}$ können wir ohne Bedenken vernachlässigen.

So erhalten wir für das erste Integral der Gleichungen (116) mit (109)

$$\left.\begin{matrix}\Delta\xi_{\sigma.1.1}\\ \Delta\eta_{\sigma.1.1}\end{matrix}\right\} = \frac{1}{2\pi}\iint \left\{\begin{matrix}\xi_{\sigma*}\cos^2\alpha + \eta_{\sigma*}\sin\alpha\cos\alpha\\ \xi_{\sigma*}\sin\alpha\cos\alpha + \eta_{\sigma*}\sin^2\alpha\end{matrix}\right\}\left[\frac{\zeta}{r} + \frac{\partial\zeta}{\partial r}\right] dr\, d\alpha .$$

Das zweite Integral wird

$$\left.\begin{matrix}\Delta\xi_{\sigma.1.2}\\ \Delta\eta_{\sigma.1.2}\end{matrix}\right\} = \frac{1}{2\pi}\int \frac{1}{r^2}\, dr \int \left\{\begin{matrix}-\xi_{\sigma*}\sin\alpha\cos\alpha + \eta_{\sigma*}\cos^2\alpha\\ -\xi_{\sigma*}\sin^2\alpha + \eta_{\sigma*}\sin\alpha\cos\alpha\end{matrix}\right\}\frac{\partial h}{\partial\alpha}\, d\alpha ,$$

und mit

$$\cos^2\alpha\,\frac{\partial h}{\partial\alpha} = \frac{\partial(h\cos^2\alpha)}{\partial\alpha} + 2h\sin\alpha\cos\alpha ;$$

$$\sin\alpha\cos\alpha\,\frac{\partial h}{\partial\alpha} = \frac{\partial(h\sin\alpha\cos\alpha)}{\partial\alpha} - h\cos 2\alpha ;$$

$$\sin^2\alpha\,\frac{\partial h}{\partial\alpha} = \frac{\partial(h\sin^2\alpha)}{\partial\alpha} - 2h\sin\alpha\cos\alpha ;$$

$$\left.\begin{matrix}\Delta\xi_{\sigma.1.2}\\ \Delta\eta_{\sigma.1.2}\end{matrix}\right\} = \frac{1}{2\pi}\int \frac{1}{r}\, dr \int \left[-\xi_{\sigma*}\frac{\partial}{\partial\alpha}\left\{\begin{matrix}\zeta\sin\alpha\cos\alpha\\ \zeta\sin^2\alpha\end{matrix}\right\} + \eta_{\sigma*}\frac{\partial}{\partial\alpha}\left\{\begin{matrix}\zeta\cos^2\alpha\\ \zeta\sin\alpha\cos\alpha\end{matrix}\right\}\right] d\alpha +$$
$$+ \frac{1}{2\pi}\iint \left\{\begin{matrix}\xi_{\sigma*}\cos 2\alpha + \eta_{\sigma*}\sin 2\alpha\\ \xi_{\sigma*}\sin 2\alpha - \eta_{\sigma*}\cos 2\alpha\end{matrix}\right\}\frac{\zeta}{r}\, dr\, d\alpha ;$$

$$\left.\begin{matrix}\Delta\xi_{\sigma.1.1} + \Delta\xi_{\sigma.1.2}\\ \Delta\eta_{\sigma.1.1} + \Delta\eta_{\sigma.1.2}\end{matrix}\right\} = \frac{1}{2\pi}\iint \left[-\xi_{\sigma*}\frac{\partial}{\partial\alpha}\left\{\begin{matrix}\zeta\sin\alpha\cos\alpha\\ \zeta\sin^2\alpha\end{matrix}\right\} + \eta_{\sigma*}\frac{\partial}{\partial\alpha}\left\{\begin{matrix}\zeta\cos^2\alpha\\ \zeta\sin\alpha\cos\alpha\end{matrix}\right\}\right]\frac{1}{r}\, dr\, d\alpha +$$
$$+ \frac{1}{\pi}\iint \left\{\begin{matrix}\xi_{\sigma*}\left(\cos^2\alpha - \frac{1}{2}\sin^2\alpha\right) + \eta_{\sigma*}\frac{3}{2}\sin\alpha\cos\alpha\\ \xi_{\sigma*}\frac{3}{2}\sin\alpha\cos\alpha + \eta_{\sigma*}\left(-\frac{1}{2}\cos^2\alpha + \sin^2\alpha\right)\end{matrix}\right\}\frac{\zeta}{r}\, dr\, d\alpha$$
$$+ \frac{1}{2\pi}\iint \Theta_{\sigma\cdot r*}\left\{\begin{matrix}\cos\alpha\\ \sin\alpha\end{matrix}\right\}\frac{\partial\zeta}{\partial r}\, dr\, d\alpha . \qquad (117)$$

Das dritte Integral wird mit (110) und

$$\Theta_\sigma\cos(\alpha_1^* - \alpha) \cong \Theta_{\sigma\cdot\alpha*} ; \qquad \Theta_\sigma\sin(\alpha_1^* - \alpha) \cong \Theta_{\sigma\cdot\alpha*}$$

gleich

$$\left.\begin{matrix}\Delta\xi_{\sigma\cdot 1.3}\\ \Delta\eta_{\sigma\cdot 1.3}\end{matrix}\right\} = \frac{3}{4\pi R}\int_{\alpha=0}^{2\pi}\left\{\begin{matrix}\cos\alpha\\ \sin\alpha\end{matrix}\right\} d\alpha \left[\Theta_{\sigma\cdot r*}\, h - \int h\,\frac{\partial\Theta_{\sigma\cdot r*}}{\partial r}\, dr\right]_{r=0}^{r=1000\,\mathrm{km}}$$

$$= \frac{3}{4\pi}\int_{\alpha=0}^{2\pi}\left\{\begin{matrix}\cos\alpha\\ \sin\alpha\end{matrix}\right\} d\alpha \left[\Theta_{\sigma\cdot r*}\,\frac{h_{r=1000\,\mathrm{km}}}{R} - \frac{\bar{h}}{R}\left\{(\Theta_{\sigma\cdot r*})_{r=1000\,\mathrm{km}} - (\Theta_{\sigma\cdot r*})_{r=0}\right\}\right] \cong 0 ; \qquad (118)$$

$$\left.\begin{matrix}\Delta\xi_{\sigma\cdot 1.3}\\ \Delta\eta_{\sigma\cdot 1.3}\end{matrix}\right\} \cong 0 .$$

Wir können $\Delta\xi_{\sigma\cdot 1.3}$ und $\Delta\eta_{\sigma\cdot 1.3}$ vernachlässigen, wie wir stets Glieder von der Größenordnung

$$\Theta_\sigma\,\frac{h}{R} = 10^{-3}\,\Theta_\sigma\ (h = 6\ \mathrm{km})$$

genähert gleich Null gesetzt haben.

Auf ähnlichem Wege läßt es sich zeigen, daß das vierte Integral von (116) mit denselben Approximationen vernachlässigt werden kann.

$$\left.\begin{matrix}\Delta\xi_{\sigma\cdot 1.4}\\ \Delta\eta_{\sigma\cdot 1.4}\end{matrix}\right\} \cong 0 . \qquad (119)$$

Setzen wir (115), (117), (118), (119) in (103) ein, so folgt

$$\left.\begin{aligned}
&\left.\begin{matrix}\xi_\sigma\\ \eta_\sigma\end{matrix}\right\} = \sum_{i=0}^{8} \Omega_i\,;\\
&\Omega_0 = -\frac{1}{2\pi\varrho''}\int\limits_{\alpha=0}^{2\pi}\int\limits_{\vartheta=0}^{\pi} \Delta g_F\, V_M(\vartheta)\begin{Bmatrix}\cos\alpha\\ \sin\alpha\end{Bmatrix} d\vartheta\, d\alpha\,;\\
&\Omega_1 = +\frac{1}{2\pi}\iint\left[-\xi_{\sigma*}\frac{\partial}{\partial\alpha}\begin{Bmatrix}\zeta\sin\alpha\cos\alpha\\ \zeta\sin^2\alpha\end{Bmatrix} + \eta_{\sigma*}\cdot\frac{\partial}{\partial\alpha}\begin{Bmatrix}\zeta\cos^2\alpha\\ \zeta\sin\alpha\cos\alpha\end{Bmatrix}\right]\frac{1}{r}\,dr\,d\alpha\,;\\
&\Omega_2 = -\frac{1}{\pi}\iint\begin{Bmatrix}\xi_{\sigma*}\cos^2\alpha + \eta_{\sigma*}\sin\alpha\cos\alpha\\ \xi_{\sigma*}\sin\alpha\cos\alpha + \eta_{\sigma*}\sin^2\alpha\end{Bmatrix}\frac{1}{r}\left(-\zeta^3 + \frac{9}{8}\zeta^5 - \frac{5}{4}\zeta^7 + - \cdots\right) dr\,d\alpha\,;\\
&\Omega_3 = -\frac{1}{\pi}\iint\begin{Bmatrix}-\xi_{\sigma*}\sin^2\alpha + \eta_{\sigma*}\sin\alpha\cos\alpha\\ \xi_{\sigma*}\sin\alpha\cos\alpha - \eta_{\sigma*}\cos^2\alpha\end{Bmatrix}\frac{1}{r}\left(-\frac{1}{4}\zeta^3 + \frac{3}{16}\zeta^5 - \frac{5}{32}\zeta^7\right) dr\,d\alpha\,;\\
&\Omega_4 = +\frac{1}{2\pi}\iint\begin{Bmatrix}\xi_{\sigma*}\cos^2\alpha + \eta_{\sigma*}\sin\alpha\cos\alpha\\ \xi_{\sigma*}\sin\alpha\cos\alpha + \eta_{\sigma*}\sin^2\alpha\end{Bmatrix}\frac{\partial\zeta}{\partial r}\,dr\,d\alpha\,;\\
&\Omega_5 = -\frac{1}{\pi R}\iint \check{N}_\sigma\frac{1}{r}\begin{Bmatrix}\cos\alpha\\ \sin\alpha\end{Bmatrix} D_1(\zeta)\,dr\,d\alpha\,;\\
&\Omega_6 = -\frac{1}{2\pi G}\iint \Delta g^*\,\frac{1}{r}\begin{Bmatrix}\cos\alpha\\ \sin\alpha\end{Bmatrix}\left[(1+\zeta^2)^{-3/2} - 1\right] dr\,d\alpha\,;\\
&\Omega_7 = -\frac{1}{\pi G}\iint \frac{1}{r}\,\Delta g_F\begin{Bmatrix}\cos\alpha\\ \sin\alpha\end{Bmatrix} D_2(\zeta)\,dr\,d\alpha\,;\\
&\Omega_8 = +\frac{1}{\pi G}\iint \frac{\partial\Delta g_F}{\partial r}\begin{Bmatrix}\cos\alpha\\ \sin\alpha\end{Bmatrix}\frac{1}{2}\zeta^2\,(1+\zeta^2)^{-1/2}\,dr\,d\alpha\,+\\
&\qquad + \frac{1}{\pi G}\iint \frac{1}{r}\,\frac{\partial\Delta g_F}{\partial\alpha}\begin{Bmatrix}\sin\alpha\\ -\cos\alpha\end{Bmatrix}\frac{1}{2}\left[(1+\zeta^2)^{1/2} - 1\right] dr\,d\alpha\,.
\end{aligned}\right\}\quad (120)$$

KAPITEL VI

In der Gleichung für Ω_6 (120) wollen wir noch Δg^* durch die Freiluftanomalie Δg_F ersetzen. Wir erhalten dann

$$\Omega_6 = \Omega_{6.1} + \Omega_{6.2} = -\frac{1}{2\pi G}\int\int \Delta g_F \frac{1}{r}\begin{Bmatrix}\cos\alpha\\ \sin\alpha\end{Bmatrix}[(1+\zeta^2)^{-3/2}-1]\,dr\,d\alpha -$$

$$-\frac{1}{2\pi}\int\int\frac{1}{r}\begin{Bmatrix}\cos\alpha\\ \sin\alpha\end{Bmatrix}\Theta_\sigma\,\mathrm{tg}(\gamma,n)\cos(\alpha_1-\alpha_2)\,[(1+\zeta^2)^{-3/2}-1]\,dr\,d\alpha. \tag{121}$$

Aus (106), (113), (114), (116a) folgt

$$\mathrm{tg}(\gamma,n)\cos(\alpha_1-\alpha_2) = -\frac{\partial h}{\partial r}\cos(\alpha_1^*-\alpha) - \frac{1}{r}\frac{\partial h}{\partial\alpha}\sin(\alpha_1^*-\alpha). \tag{122}$$

Wir setzen (122) in (121) ein und erhalten

$$\left.\begin{aligned}
&\Omega_{6.2} = \Omega_{6.2.1} + \Omega_{6.2.2};\\
&\Omega_{6.2.1} = \frac{1}{2\pi}\int\int\frac{1}{r}\begin{Bmatrix}\cos\alpha\\ \sin\alpha\end{Bmatrix}\Theta_\sigma\cos(\alpha_1^*-\alpha)\frac{\partial h}{\partial r}[(1+\zeta^2)^{-3/2}-1]\,dr\,d\alpha;\\
&\Omega_{6.2.2} = \frac{1}{2\pi}\int\int\frac{1}{r^2}\begin{Bmatrix}\cos\alpha\\ \sin\alpha\end{Bmatrix}\Theta_\sigma\sin(\alpha_1^*-\alpha)\frac{\partial h}{\partial\alpha}[(1+\zeta^2)^{-3/2}-1]\,dr\,d\alpha.
\end{aligned}\right\} \tag{123}$$

Mit

$$\frac{1}{r}\frac{\partial h}{\partial r} = \frac{1}{r}\zeta + \frac{\partial\zeta}{\partial r}$$

wird die erste Gleichung

$$\left.\begin{aligned}
&\Omega_{6.2.1} = \Omega_{6.2.1.1} + \Omega_{6.2.1.2};\\
&\Omega_{6.2.1.1} = \frac{1}{2\pi}\int\int\frac{1}{r}\begin{Bmatrix}\xi_{\sigma*}\cos^2\alpha + \eta_{\sigma*}\sin\alpha\cos\alpha\\ \xi_{\sigma*}\sin\alpha\cos\alpha + \eta_{\sigma*}\sin^2\alpha\end{Bmatrix}\zeta\,[(1+\zeta^2)^{-3/2}-1]\,dr\,d\alpha;\\
&\qquad -\frac{1}{2}\zeta\,[(1+\zeta^2)^{-3/2}-1] = +\frac{3}{4}\zeta^3 - \frac{15}{16}\zeta^5 + \frac{35}{32}\zeta^7;\\
&\Omega_{6.2.1.2} = +\frac{1}{2\pi}\iint\begin{Bmatrix}\xi_{\sigma*}\cos^2\alpha + \eta_{\sigma*}\sin\alpha\cos\alpha\\ \xi_{\sigma*}\sin\alpha\cos\alpha + \eta_{\sigma*}\sin^2\alpha\end{Bmatrix}\frac{\partial\zeta}{\partial r}[(1+\zeta^2)^{-3/2}-1]\,dr\,d\alpha.
\end{aligned}\right\} \tag{124}$$

$\Omega_{6.2.2}$ wird mit (116) und (117)

$$\Omega_{6.2.2} = \frac{1}{2\pi}\int\frac{1}{r^2}dr\int\begin{Bmatrix}-\xi_{\sigma*}\sin\alpha\cos\alpha + \eta_{\sigma*}\cos^2\alpha\\ -\xi_{\sigma*}\sin^2\alpha + \eta_{\sigma*}\sin\alpha\cos\alpha\end{Bmatrix}\frac{\partial h}{\partial\alpha}(1+\zeta^2)^{-3/2}\,d\alpha - \begin{Bmatrix}\Delta\xi_{\sigma\cdot 1.2}\\ \Delta\eta_{\sigma\cdot 1.2}\end{Bmatrix}, \tag{125}$$

und weil

$$\frac{1}{r}\cdot\frac{\partial h}{\partial\alpha}(1+\zeta^2)^{-3/2} = \frac{\partial}{\partial\zeta}[\zeta(1+\zeta^2)^{-1/2}]\frac{\partial\zeta}{\partial\alpha},$$

folgt für das erste Glied in (125)

$$\frac{1}{2\pi}\int\frac{1}{r}dr\int\begin{Bmatrix}-\xi_{\sigma*}\sin\alpha\cos\alpha + \eta_{\sigma*}\cos^2\alpha\\ -\xi_{\sigma*}\sin^2\alpha + \eta_{\sigma*}\sin\alpha\cos\alpha\end{Bmatrix}\frac{\partial}{\partial\zeta}[\zeta(1+\zeta^2)^{-1/2}]\frac{\partial\zeta}{\partial\alpha}d\alpha,$$

und mit

$$\sin\alpha\cos\alpha\frac{\partial}{\partial\alpha}[\zeta(1+\zeta^2)^{-1/2}]=\frac{\partial}{\partial\alpha}\{\sin\alpha\cos\alpha[\zeta(1+\zeta^2)^{-1/2}]\}-\cos 2\alpha\cdot\zeta(1+\zeta^2)^{-1/2};$$

$$\cos^2\alpha\frac{\partial}{\partial\alpha}[\zeta(1+\zeta^2)^{-1/2}]=\frac{\partial}{\partial\alpha}\{\cos^2\alpha[\zeta(1+\zeta^2)^{-1/2}]\}+\sin 2\alpha\cdot\zeta(1+\zeta^2)^{-1/2};$$

$$\sin^2\alpha\frac{\partial}{\partial\alpha}[\zeta(1+\zeta^2)^{-1/2}]=\frac{\partial}{\partial\alpha}\{\sin^2\alpha[\zeta(1+\zeta^2)^{-1/2}]\}-\sin 2\alpha\cdot\zeta(1+\zeta^2)^{-1/2};$$

$$\zeta(1+\zeta^2)^{-1/2}=\zeta-\frac{1}{2}\zeta^3+\frac{3}{8}\zeta^5-\frac{5}{16}\zeta^7;\qquad \zeta^2<1.$$

erhalten wir

$$\begin{aligned}\Omega_{6.2.2}=\frac{1}{2\pi}\iint\frac{1}{r}\Bigg[&-\xi_{\sigma*}\cdot\frac{\partial}{\partial\alpha}\begin{Bmatrix}\sin\alpha\cos\alpha[\zeta(1+\zeta^2)^{-1/2}]\\ \sin^2\alpha[\zeta(1+\zeta^2)^{-1/2}]\end{Bmatrix}+\\ &+\eta_{\sigma*}\cdot\frac{\partial}{\partial\alpha}\begin{Bmatrix}\cos^2\alpha[\zeta(1+\zeta^2)^{-1/2}]\\ \sin\alpha\cos\alpha[\zeta(1+\zeta^2)^{-1/2}]\end{Bmatrix}\Bigg]dr\,d\alpha+\\ &+\frac{1}{2\pi}\iint\begin{Bmatrix}+\xi_{\sigma*}\cos 2\alpha+\eta_{\sigma*}\sin 2\alpha\\ +\xi_{\sigma*}\sin 2\alpha-\eta_{\sigma*}\cos 2\alpha\end{Bmatrix}\frac{1}{r}\left[\zeta-\frac{1}{2}\zeta^3+\frac{3}{8}\zeta^5-\frac{5}{16}\zeta^7\right]dr\,d\alpha-\begin{Bmatrix}\Delta\xi_{\sigma\cdot 1.2}\\ \Delta\eta_{\sigma\cdot 1.2}\end{Bmatrix},\end{aligned}\tag{126}$$

$$\left.\begin{aligned}&\Omega_{6.2.2}=\Omega_{6.2.2.1}+\Omega_{6.2.2.2};\\ &\Omega_{6.2.2.1}=\frac{1}{2\pi}\iint\frac{1}{r}\Bigg[-\xi_{\sigma*}\frac{\partial}{\partial\alpha}\begin{Bmatrix}\sin\alpha\cos\alpha[\zeta(1+\zeta^2)^{-1/2}-\zeta]\\ \sin^2\alpha[\zeta(1+\zeta^2)^{-1/2}-\zeta]\end{Bmatrix}+\\ &\qquad+\eta_{\sigma*}\frac{\partial}{\partial\alpha}\begin{Bmatrix}\cos^2\alpha[\zeta(1+\zeta^2)^{-1/2}-\zeta]\\ \sin\alpha\cos\alpha[\zeta(1+\zeta^2)^{-1/2}-\zeta]\end{Bmatrix}\Bigg]dr\,d\alpha;\\ &\Omega_{6.2.2.2}=+\frac{1}{2\pi}\iint\begin{Bmatrix}\xi_{\sigma*}\cos 2\alpha+\eta_{\sigma*}\sin 2\alpha\\ \xi_{\sigma*}\sin 2\alpha-\eta_{\sigma*}\cos 2\alpha\end{Bmatrix}\frac{1}{r}\left[-\frac{1}{2}\zeta^3+\frac{3}{8}\zeta^5-\frac{5}{16}\zeta^7\right]dr\,d\alpha.\end{aligned}\right\}\tag{127}$$

Die Betrachtung der Teilsumme

$$\Omega_2+\Omega_3+\Omega_{6.2.1.1}+\Omega_{6.2.2.2}$$

ist besonders interessant. Ordnet man diese Teilsumme nach Potenzen von ζ so folgt:

$$\begin{aligned}&-\frac{1}{\pi}\iint\frac{1}{r}\xi_{\sigma*}\cdot\zeta^3\begin{Bmatrix}-\cos^2\alpha+\frac{1}{4}\sin^2\alpha+\frac{3}{4}\cos^2\alpha+\frac{1}{4}\cos 2\alpha\\ -\sin\alpha\cos\alpha-\frac{1}{4}\sin\alpha\cos\alpha+\frac{3}{4}\sin\alpha\cos\alpha+\frac{1}{4}\sin 2\alpha\end{Bmatrix}dr\,d\alpha-\\ &-\frac{1}{\pi}\iint\frac{1}{r}\xi_{\sigma*}\cdot\zeta^5\begin{Bmatrix}+\frac{9}{8}\cos^2\alpha-\frac{3}{16}\sin^2\alpha-\frac{15}{16}\cos^2\alpha-\frac{3}{16}\cos 2\alpha\\ +\frac{9}{8}\sin\alpha\cos\alpha+\frac{3}{16}\sin\alpha\cos\alpha-\frac{15}{16}\sin\alpha\cos\alpha-\frac{3}{16}\sin 2\alpha\end{Bmatrix}dr\,d\alpha-\\ &-\frac{1}{\pi}\iint\frac{1}{r}\xi_{\sigma*}\cdot\zeta^7\begin{Bmatrix}-\frac{5}{4}\cos^2\alpha+\frac{5}{32}\sin^2\alpha+\frac{35}{32}\cos^2\alpha+\frac{5}{32}\cos 2\alpha\\ -\frac{5}{4}\sin\alpha\cos\alpha-\frac{5}{32}\sin\alpha\cos\alpha+\frac{35}{32}\sin\alpha\cos\alpha+\frac{5}{32}\sin 2\alpha\end{Bmatrix}dr\,d\alpha-\cdots\\ &-\frac{1}{\pi}\iint\frac{1}{r}\eta_{\sigma*}\cdot\zeta^3\begin{Bmatrix}-\sin\alpha\cos\alpha-\frac{1}{4}\sin\alpha\cos\alpha+\frac{3}{4}\sin\alpha\cos\alpha+\frac{1}{4}\sin 2\alpha\\ -\sin^2\alpha+\frac{1}{4}\cos^2\alpha+\frac{3}{4}\sin^2\alpha-\frac{1}{4}\cos 2\alpha\end{Bmatrix}dr\,d\alpha-\\ &-\frac{1}{\pi}\iint\frac{1}{r}\eta_{\sigma*}\cdot\zeta^5\begin{Bmatrix}+\frac{9}{8}\sin\alpha\cos\alpha+\frac{3}{16}\sin\alpha\cos\alpha-\frac{15}{16}\sin\alpha\cos\alpha-\frac{3}{16}\sin 2\alpha\\ +\frac{9}{8}\sin^2\alpha-\frac{3}{16}\cos^2\alpha-\frac{15}{16}\sin^2\alpha+\frac{3}{16}\cos 2\alpha\end{Bmatrix}dr\,d\alpha-\\ &-\frac{1}{\pi}\iint\frac{1}{r}\eta_{\sigma*}\cdot\zeta^7\begin{Bmatrix}-\frac{5}{4}\sin\alpha\cos\alpha-\frac{5}{32}\sin\alpha\cos\alpha+\frac{35}{32}\sin\alpha\cos\alpha+\frac{5}{32}\sin 2\alpha\\ -\frac{5}{4}\sin^2\alpha+\frac{5}{32}\cos^2\alpha+\frac{35}{32}\sin^2\alpha-\frac{5}{32}\cos 2\alpha\end{Bmatrix}dr\,d\alpha-\cdots.\end{aligned}$$

Man überzeugt sich leicht davon, daß jeder einzelne der sechs Summanden gleich Null ist.

$$\Omega_2 + \Omega_3 + \Omega_{6.2.1.1} + \Omega_{6.2.2.2} = 0 . \tag{128}$$

So erhalten wir schließlich

$$\left.\begin{matrix}\xi_\sigma \\ \eta_\sigma\end{matrix}\right\} = \Omega_0 + \Omega_1 + \Omega_4 + \Omega_5 + \Omega_{6.1} + \Omega_{6.2.1.2} + \Omega_{6.2.2.1} + \Omega_7 + \Omega_8 . \tag{129}$$

Das zweite Glied in der eckigen Klammer der Gleichung (124) für $\Omega_{6.2.1.2}$ gibt mit Ω_4 Null.

Die zweiten Glieder in den kleinen eckigen Klammern in der Gleichung (127) für $\Omega_{6.2.2.1}$ geben mit Ω_1 ebenfalls Null. Berücksichtigen wir in dem Ausdruck (124) für $\Omega_{6.2.1.2}$, daß

$$\frac{\partial \zeta}{\partial r} \cdot (1 + \zeta^2)^{-3/2} = \frac{\partial}{\partial r} [\zeta (1 + \zeta^2)^{-1/2}] \tag{130}$$

und

$$\left\{\begin{matrix}\xi_{\sigma *} \cos^2 \alpha + \eta_{\sigma *} \sin \alpha \cos \alpha \\ \xi_{\sigma *} \sin \alpha \cos \alpha + \eta_{\sigma *} \sin^2 \alpha\end{matrix}\right\} \cong \Theta_{\sigma \cdot r *} \left\{\begin{matrix}\cos \alpha \\ \sin \alpha\end{matrix}\right\} , \tag{131}$$

so erhalten wir schließlich mit (2) und (3) für die Lotabweichungen in bezug auf das Geoid und das Niveauellipsoid:

$$\begin{aligned}\left.\begin{matrix}\xi_{\varepsilon_0} \\ \eta_{\varepsilon_0}\end{matrix}\right\} &= \left\{\begin{matrix}\xi_\sigma + \tau_\xi - \tau_\xi^n \\ \eta_\sigma + \tau_\eta - \tau_\eta^n\end{matrix}\right\} = \left\{\begin{matrix}\tau_\xi - \tau_\xi^n \\ \tau_\eta - \tau_\eta^n\end{matrix}\right\} - \frac{1}{2 \pi \varrho''} \int\limits_{\alpha=0}^{2\pi} \int\limits_{\vartheta=0}^{\pi} \Delta g_F \, V_M(\vartheta) \left\{\begin{matrix}\cos \alpha \\ \sin \alpha\end{matrix}\right\} d\vartheta \, d\alpha \\ &- \frac{1}{2 \pi G} \iint \Delta g_F \frac{1}{r} \left\{\begin{matrix}\cos \alpha \\ \sin \alpha\end{matrix}\right\} ([(1 + \zeta^2)^{-3/2} - 1] + 2 D_2(\zeta)) \, dr \, d\alpha - \\ &- \frac{1}{\pi R} \iint \check{N}_\sigma \frac{1}{r} \left\{\begin{matrix}\cos \alpha \\ \sin \alpha\end{matrix}\right\} D_1(\zeta) \, dr \, d\alpha + \frac{1}{2 \pi} \iint \Theta_{\sigma \cdot r *} \left\{\begin{matrix}\cos \alpha \\ \sin \alpha\end{matrix}\right\} \frac{\partial}{\partial r} [\zeta (1 + \zeta^2)^{-1/2}] \, dr \, d\alpha + \\ &+ \frac{1}{2 \pi} \iint \frac{1}{r} \left[- \xi_{\sigma *} \frac{\partial}{\partial \alpha} \left\{\begin{matrix}\sin \alpha \cos \alpha \, \zeta (1 + \zeta^2)^{-1/2} \\ \sin^2 \alpha \, \zeta (1 + \zeta^2)^{-1/2}\end{matrix}\right\} + \right. \\ &+ \left. \eta_{\sigma *} \frac{\partial}{\partial \alpha} \left\{\begin{matrix}\cos^2 \alpha \, \zeta (1 + \zeta^2)^{-1/2} \\ \sin \alpha \cos \alpha \, \zeta (1 + \zeta^2)^{-1/2}\end{matrix}\right\} \right] dr \, d\alpha + \Omega_8 .\end{aligned} \tag{132}$$

KAPITEL VII

Im fünften und sechsten Glied auf der rechten Seite der Gleichung (132) machen wir von folgenden Beziehungen Gebrauch

$$\int_r \Theta_{\sigma\cdot r*} \frac{\partial}{\partial r} [\zeta (1+\zeta^2)^{-1/2}]\, dr = \left|\Theta_{\sigma\cdot r*} \zeta (1+\zeta^2)^{-1/2}\right|_{r=0}^{r=1000\text{ km}} - \int_r \zeta (1+\zeta^2)^{-1/2} \frac{\partial \Theta_{\sigma\cdot r*}}{\partial r} dr \cong$$

$$\cong - \int_r \zeta (1+\zeta^2)^{-1/2} \frac{\partial \Theta_{\sigma\cdot r*}}{\partial r} dr = - \int_r \zeta (1+\zeta^2)^{-1/2} \left[\cos\alpha \frac{\partial \xi_{\sigma*}}{\partial r} + \sin\alpha \frac{\partial \eta_{\sigma*}}{\partial r}\right] dr\,; \tag{133}$$

$$\int_{\alpha=0}^{2\pi} \frac{1}{r}\left[-\xi_{\sigma*}\frac{\partial}{\partial\alpha}\begin{Bmatrix}\sin\alpha\cos\alpha\,\zeta(1+\zeta^2)^{-1/2}\\ \sin^2\alpha\,\zeta(1+\zeta^2)^{-1/2}\end{Bmatrix} + \eta_{\sigma*}\frac{\partial}{\partial\alpha}\begin{Bmatrix}\cos^2\alpha\,\zeta(1+\zeta^2)^{-1/2}\\ \sin\alpha\cos\alpha\,\zeta(1+\zeta^2)^{-1/2}\end{Bmatrix}\right] d\alpha =$$

$$= \frac{1}{r}\left| -\xi_{\sigma*}\begin{Bmatrix}\sin\alpha\cos\alpha\\ \sin^2\alpha\end{Bmatrix}\zeta(1+\zeta^2)^{-1/2} + \eta_{\sigma*}\begin{Bmatrix}\cos^2\alpha\\ \sin\alpha\cos\alpha\end{Bmatrix}\zeta(1+\zeta^2)^{-1/2}\right|_{\alpha=0}^{\alpha=2\pi} -$$

$$- \int_{\alpha=0}^{2\pi} \zeta(1+\zeta^2)^{-1/2}\begin{Bmatrix}\cos\alpha\\ \sin\alpha\end{Bmatrix}\left[-\sin\alpha\frac{1}{r}\frac{\partial\xi_{\sigma*}}{\partial\alpha} + \cos\alpha\frac{1}{r}\frac{\partial\eta_{\sigma*}}{\partial\alpha}\right] d\alpha$$

$$= - \int_{\alpha=0}^{2\pi} \zeta(1+\zeta^2)^{-1/2}\begin{Bmatrix}\cos\alpha\\ \sin\alpha\end{Bmatrix}\left[-\sin\alpha\frac{1}{r}\frac{\partial\xi_{\sigma*}}{\partial\alpha} + \cos\alpha\frac{1}{r}\frac{\partial\eta_{\sigma*}}{\partial\alpha}\right] d\alpha\,. \tag{134}$$

Die letzten beiden Glieder von (132) ergeben somit

$$-\frac{1}{2\pi}\iint \zeta(1+\zeta^2)^{-1/2}\begin{Bmatrix}\cos\alpha\\ \sin\alpha\end{Bmatrix}\left[\sin\alpha\left(\frac{\partial\eta_{\sigma*}}{\partial r} - \frac{1}{r}\frac{\partial\xi_{\sigma*}}{\partial\alpha}\right) + \cos\alpha\left(\frac{\partial\xi_{\sigma*}}{\partial r} + \frac{1}{r}\frac{\partial\eta_{\sigma*}}{\partial\alpha}\right)\right] dr\, d\alpha =$$

$$-\frac{1}{2\pi}\iint \zeta(1+\zeta^2)^{-1/2}\begin{Bmatrix}\cos\alpha\\ \sin\alpha\end{Bmatrix}\left[\cos\alpha\frac{\partial\xi_{\sigma*}}{\partial r} - \sin\alpha\frac{1}{r}\frac{\partial\xi_{\sigma*}}{\partial\alpha} + \sin\alpha\frac{\partial\eta_{\sigma*}}{\partial r} + \cos\alpha\frac{1}{r}\frac{\partial\eta_{\sigma*}}{\partial\alpha}\right] dr\, d\alpha\,; \tag{135}$$

$$\begin{Bmatrix}\xi_{\varepsilon_0}\\ \eta_{\varepsilon_0}\end{Bmatrix} = \begin{Bmatrix}\xi_\sigma + \tau_\xi - \tau_\xi^n\\ \eta_\sigma + \tau_\eta - \tau_\eta^n\end{Bmatrix} = \begin{Bmatrix}\tau_\xi - \tau_\xi^n\\ \tau_\eta - \tau_\eta^n\end{Bmatrix} - \frac{1}{2\pi\varrho''}\int_{\alpha=0}^{2\pi}\int_{\vartheta=0}^{\pi} \Delta g_F\, V_M(\vartheta)\begin{Bmatrix}\cos\alpha\\ \sin\alpha\end{Bmatrix} d\vartheta\, d\alpha$$

$$+ \frac{1}{2\pi G}\iint \Delta g_F \frac{1}{r}\begin{Bmatrix}\cos\alpha\\ \sin\alpha\end{Bmatrix}\cdot D_3(\zeta)\, dr\, d\alpha + \frac{1}{\pi R}\iint \check{N}_\sigma \frac{1}{r}\begin{Bmatrix}\cos\alpha\\ \sin\alpha\end{Bmatrix}\Xi(\zeta)\, dr\, d\alpha -$$

$$-\frac{1}{2\pi}\iint \zeta(1+\zeta^2)^{-1/2}\begin{Bmatrix}\cos\alpha\\ \sin\alpha\end{Bmatrix}\left[\cos\alpha\frac{\partial\xi_{\sigma*}}{\partial r} - \sin\alpha\frac{1}{r}\frac{\partial\xi_{\sigma*}}{\partial\alpha} + \sin\alpha\frac{\partial\eta_{\sigma*}}{\partial r} + \cos\alpha\frac{1}{r}\frac{\partial\eta_{\sigma*}}{\partial\alpha}\right] dr\, d\alpha$$

$$+ \frac{1}{\pi G}\iint \frac{\partial \Delta g_F}{\partial r}\begin{Bmatrix}\cos\alpha\\ \sin\alpha\end{Bmatrix}\frac{1}{2}\zeta^2(1+\zeta^2)^{-1/2}\, dr\, d\alpha +$$

$$+ \frac{1}{\pi G}\iint \frac{1}{r}\frac{\partial \Delta g_F}{\partial\alpha}\begin{Bmatrix}\sin\alpha\\ -\cos\alpha\end{Bmatrix}\frac{1}{2}[(1+\zeta^2)^{1/2} - 1]\, dr\, d\alpha \tag{136}$$

$$D_3 = -(1+\zeta^2)^{-3/2} + 1 - 2\, D_2(\zeta) = 0\,; \tag{137}$$

$$\Xi = -D_1(\zeta) = -\frac{3}{4}[(1+\zeta^2)^{-5/2} - 1] + (1+\zeta^2)^{-3/2} - 1 = +(1+\zeta^2)^{-5/2}\left(\zeta^2 + \frac{1}{4}\right) - \frac{1}{4}\,; \tag{138}$$

$$\left.\begin{matrix}\xi_{\varepsilon_0}\\ \eta_{\varepsilon_0}\end{matrix}\right\} = \left\{\begin{matrix}\xi_\sigma + \tau_\xi - \tau_\xi^n\\ \eta_\sigma + \tau_\eta - \tau_\eta^n\end{matrix}\right\} = \left\{\begin{matrix}\tau_\xi - \tau_\xi^n\\ \tau_\eta - \tau_\eta^n\end{matrix}\right\} - \frac{1}{2\pi\varrho''}\int\limits_{\alpha=0}^{2\pi}\int\limits_{\vartheta=0}^{\pi} \Delta g_F\, V_M(\vartheta)\left\{\begin{matrix}\cos\alpha\\ \sin\alpha\end{matrix}\right\} d\vartheta\, d\alpha +$$

$$+ \frac{1}{\pi R}\int\int \check{N}_\sigma \frac{1}{r}\left\{\begin{matrix}\cos\alpha\\ \sin\alpha\end{matrix}\right\} \Xi(\zeta)\, dr\, d\alpha -$$

$$- \frac{1}{2\pi}\int\int\left[\cos\frac{\partial\xi_{\sigma*}}{\partial r} - \sin\alpha\frac{1}{r}\frac{\partial\xi_{\sigma*}}{\partial\alpha} + \sin\alpha\frac{\partial\eta_{\sigma*}}{\partial r} + \cos\alpha\frac{1}{r}\frac{\partial\eta_{\sigma*}}{\partial\alpha}\right]\left\{\begin{matrix}\cos\alpha\\ \sin\alpha\end{matrix}\right\}\zeta\,(1+\zeta^2)^{-1/2}\, dr\, d\alpha$$

$$+ \frac{1}{2\pi G}\int\int\frac{\partial\Delta g_F}{\partial r}\left\{\begin{matrix}\cos\alpha\\ \sin\alpha\end{matrix}\right\}\zeta^2\,(1+\zeta^2)^{-1/2}\, dr\, d\alpha +$$

$$+ \frac{1}{2\pi G}\int\int\frac{1}{r}\frac{\partial\Delta g_F}{\partial\alpha}\left\{\begin{matrix}\sin\alpha\\ -\cos\alpha\end{matrix}\right\}[(1+\zeta^2)^{1/2} - 1]\, dr\, d\alpha\,; \tag{139}$$

$$\Xi = +\,(1+\zeta^2)^{-5/2}\left(\zeta^2 + \frac{1}{4}\right) - \frac{1}{4} \cong +\frac{3}{8}\zeta^2 - \frac{45}{32}\zeta^4 + \frac{175}{64}\zeta^6 - \cdots.$$

Nun ist

$$\frac{\partial\xi_{\sigma*}}{\partial X} = \frac{\partial\xi_{\sigma*}}{\partial r^*}\cos(r^*, X) + \frac{1}{r^*}\frac{\partial\xi_{\sigma*}}{\partial\alpha^*}\cos(\alpha^*, X)\,;$$

$$\frac{\partial\xi_{\sigma*}}{\partial X} \cong \frac{\partial\xi_{\sigma*}}{\partial r}\cos(r, X) + \frac{1}{r}\frac{\partial\xi_{\sigma*}}{\partial\alpha}\cos(\alpha, X)\,;$$

$$\cos(r, X) \cong \cos\alpha^* \cong \cos\alpha\,; \qquad \cos(\alpha, X) \cong -\sin\alpha^* \cong -\sin\alpha\,; \tag{140a}$$

folglich,

$$\frac{\partial\xi_{\sigma*}}{\partial X} = \cos\alpha\frac{\partial\xi_{\sigma*}}{\partial r} - \sin\alpha\frac{1}{r}\frac{\partial\xi_{\sigma*}}{\partial\alpha}\,;$$

$$\frac{\partial\eta_{\sigma*}}{\partial Y} \cong \frac{\partial\eta_{\sigma*}}{\partial r}\cos(r, Y) + \frac{1}{r}\frac{\partial\eta_{\sigma*}}{\partial\alpha}\cos(\alpha, Y)\,;$$

$$\cos(r, Y) \cong \sin\alpha^* \cong \sin\alpha\,; \qquad \cos(\alpha, Y) \cong \cos\alpha^* \cong \cos\alpha\,; \tag{140b}$$

$$\frac{\partial\eta_{\sigma*}}{\partial Y} \cong \sin\alpha\frac{\partial\eta_{\sigma*}}{\partial r} + \cos\alpha\frac{1}{r}\frac{\partial\eta_{\sigma*}}{\partial\alpha}$$

und analog

$$\left.\begin{aligned}
\frac{\partial}{\partial r}\Delta g_F &\cong \cos(r, X)\frac{\partial}{\partial X}\Delta g_F + \cos(r, Y)\frac{\partial}{\partial Y}\Delta g_F\,;\\
\frac{\partial}{\partial r}\Delta g_F &\cong \cos\alpha\frac{\partial}{\partial X}\Delta g_F + \sin\alpha\frac{\partial}{\partial Y}\Delta g_F\,;\\
\frac{1}{r}\frac{\partial}{\partial\alpha}\Delta g_F &\cong \cos(\alpha, X)\frac{\partial}{\partial X}\Delta g_F + \cos(\alpha, Y)\frac{\partial}{\partial Y}\Delta g_F\,;\\
\frac{1}{r}\frac{\partial}{\partial\alpha}\Delta g_F &\cong -\sin\alpha\frac{\partial}{\partial X}\Delta g_F + \cos\alpha\frac{\partial}{\partial Y}\Delta g_F\,;
\end{aligned}\right\} \tag{141}$$

$$\left.\begin{matrix}\xi_{\varepsilon_0}\\ \eta_{\varepsilon_0}\end{matrix}\right\} = \left\{\begin{matrix}\xi_\sigma + \tau_\xi - \tau_\xi^n\\ \eta_\sigma + \tau_\eta - \tau_\eta^n\end{matrix}\right\} = \left\{\begin{matrix}\tau_\xi - \tau_\xi^n\\ \tau_\eta - \tau_\eta^n\end{matrix}\right\} - \frac{1}{2\pi\varrho''}\int\limits_{\alpha=0}^{2\pi}\int\limits_{\vartheta=0}^{\pi} \Delta g_F\, V_M(\vartheta)\left\{\begin{matrix}\cos\alpha\\ \sin\alpha\end{matrix}\right\} d\vartheta\, d\alpha +$$

$$+ \frac{1}{\pi R}\int\int \check{N}_\sigma \frac{1}{r}\left\{\begin{matrix}\cos\alpha\\ \sin\alpha\end{matrix}\right\} \Xi(\zeta)\, dr\, d\alpha - \frac{1}{2\pi}\int\int\left(\frac{\partial\xi_{\sigma*}}{\partial X} + \frac{\partial\eta_{\sigma*}}{\partial Y}\right)\left\{\begin{matrix}\cos\alpha\\ \sin\alpha\end{matrix}\right\}\zeta\,(1+\zeta^2)^{-1/2}\, dr\, d\alpha +$$

$$+ \frac{1}{2\pi G}\int\int\frac{\partial\Delta g_F}{\partial X}\left\{\begin{matrix}\cos^2\alpha\,\zeta^2\,(1+\zeta^2)^{-1/2} - \sin^2\alpha\,[(1+\zeta^2)^{1/2} - 1]\\ \sin\alpha\cos\alpha\,(\zeta^2\,(1+\zeta^2)^{-1/2} + [(1+\zeta^2)^{1/2} - 1]\end{matrix}\right\} dr\, d\alpha +$$

$$+ \frac{1}{2\pi G}\int\int\frac{\partial\Delta g_F}{\partial Y}\left\{\begin{matrix}\sin\alpha\cos\alpha\,(\zeta^2\,(1+\zeta^2)^{-1/2} + [(1+\zeta^2)^{1/2} - 1]\\ \sin^2\alpha\cdot\zeta^2\,(1+\zeta^2)^{-1/2} - \cos^2\alpha\,[(1+\zeta^2)^{1/2} - 1]\end{matrix}\right\} dr\, d\alpha \tag{142}$$

und wenn wir in den Korrektionsgliedern einheitlich X, Y-Koordinaten einführen

$$+\frac{1}{\pi R}\iint \check{N}_\sigma (X^2+Y^2)^{-3/2}\begin{Bmatrix}X\\Y\end{Bmatrix} \Xi(\zeta)\,dX\,dY -$$

$$-\frac{1}{2\pi}\iint\left(\frac{\partial\xi_{\sigma*}}{\partial X}+\frac{\partial\eta_{\sigma*}}{\partial Y}\right)(X^2+Y^2)^{-1}\begin{Bmatrix}X\\Y\end{Bmatrix}\zeta\,(1+\zeta^2)^{-1/2}\,dX\,dY +$$

$$+\frac{1}{2\pi G}\iint\frac{\partial\Delta g_F}{\partial X}(X^2+Y^2)^{-3/2}\begin{Bmatrix}X^2\cdot\zeta^2(1+\zeta^2)^{-1/2}-Y^2[(1+\zeta^2)^{1/2}-1]\\XY\,(\zeta^2\,(1+\zeta^2)^{-1/2}+[(1+\zeta^2)^{1/2}-1])\end{Bmatrix}dX\,dY +$$

$$+\frac{1}{2\pi G}\iint\frac{\partial\Delta g_F}{\partial Y}(X^2+Y^2)^{-3/2}\begin{Bmatrix}XY\,(\zeta^2\,(1+\zeta^2)^{-1/2}+[(1+\zeta^2)^{1/2}-1])\\Y^2\zeta^2\,(1+\zeta^2)^{-1/2}-X^2\,[(1+\zeta^2)^{1/2}-1]\end{Bmatrix}dX\,dY \qquad (143)$$

und für kleine Werte von ζ

$$+\frac{3}{8\pi R}\iint\check{N}_\sigma\,(X^2+Y^2)^{-3/2}\begin{Bmatrix}X\\Y\end{Bmatrix}\zeta^2\,dX\,dY$$

$$-\frac{1}{2\pi}\iint\left[\frac{\partial\xi_{\sigma*}}{\partial X}+\frac{\partial\eta_{\sigma*}}{\partial Y}\right](X^2+Y^2)^{-1}\begin{Bmatrix}X\\Y\end{Bmatrix}\zeta\,dX\,dY$$

$$+\frac{1}{2\pi G}\iint\frac{\partial\Delta g_F}{\partial X}(X^2+Y^2)^{-3/2}\begin{Bmatrix}X^2-\frac{1}{2}Y^2\\\frac{3}{2}XY\end{Bmatrix}\zeta^2\,dX\,dY$$

$$+\frac{1}{2\pi G}\iint\frac{\partial\Delta g_F}{\partial Y}(X^2+Y^2)^{-3/2}\begin{Bmatrix}\frac{3}{2}XY\\Y^2-\frac{1}{2}X^2\end{Bmatrix}\zeta^2\,dX\,dY\,. \qquad (144)$$

Das erste Korrektionsglied, das im Integranden die Größe $\check{N}_\sigma$ enthält, ist sehr klein. Man wird es wohl immer vernachlässigen können. Die Formeln für die Korrektionsglieder in der Form (143) und (144) entbehren nicht einer gewissen Symmetrie, so daß man meinen möchte, sie lassen sich auf einem anderen Wege einfacher und eleganter herleiten.

In bezug auf die Gleichungen (143) (144) sind folgende Beziehungen interessant:

Mit

$$dX = X_{i+1} - X_i\,; \qquad dY = Y_{i+1} - Y_i\,;$$

$$\frac{\partial\Phi}{\partial X}dX = \Phi(X_{i+1}) - \Phi(X_i); \qquad \frac{\partial\Phi}{\partial Y}dY = \Phi(Y_{i+1}) - \Phi(Y_i)\,.$$

Hierbei ist für Φ zu setzen: $\xi_{\sigma*}$, $\eta_{\sigma*}$, Δg_F.

In bezug auf die Gleichung (139) muß man außer der genannten Spezialisierung der Funktion Φ noch X durch r und Y durch α bzw. dY durch $r\,d\alpha$ ersetzen.

Schließlich wollen wir noch die Korrektionsglieder für die gravimetrischen Lotabweichungen durch Ausdrücke in den radialen Komponenten der Lotabweichungen (r-Richtung) und durch die Komponenten in den dazu orthogonalen Richtungen (α-Richtung) angeben. Zu diesem Zweck gehen wir von der Gleichung (139) aus. In (139) müssen wir dann nur das vierte Glied auf der rechten Seite transformieren, indem wir die Ausdrücke

$$\left(\frac{\partial}{\partial r},\frac{\partial}{\partial\alpha}\right)(\xi_{\sigma.*},\eta_{\sigma.*})$$

in die Funktionen

$$\left(\frac{\partial}{\partial r},\frac{\partial}{\partial\alpha}\right)(\Theta_{\sigma.r*},\Theta_{\sigma.\alpha*})$$

umwandeln. Wir können dies erreichen, indem wir das vierte Glied auf der rechten Seite von (142) betrachten und im Integranden von (142) den Ausdruck

$$\frac{\partial\xi_{\sigma*}}{\partial X}+\frac{\partial\eta_{\sigma*}}{\partial Y}$$

als LAPLACE-Operation deuten. $\xi_{\sigma*}$ und $\eta_{\sigma*}$ sind nämlich durch in horizontaler Richtung genommene Ableitungen des Störpotentials an der Erdoberfläche σ zu bestimmen (2).

$$\left[\frac{\partial N}{\partial X}\right]_\sigma \cong \frac{1}{G}\left[\frac{\partial T}{\partial X}\right]_\sigma \cong -\xi_{\sigma*}\,; \qquad \left[\frac{\partial N}{\partial Y}\right]_\sigma \cong \frac{1}{G}\left[\frac{\partial T}{\partial Y}\right]_\sigma \cong -\eta_{\sigma*}\,. \tag{145}$$

Mit

$$\nabla = \frac{\partial}{\partial X}\vec{e}_x + \frac{\partial}{\partial Y}\vec{e}_y$$

($\vec{e}_x$ und $\vec{e}_y$ sind konstante Vektoren)

und

$$(\nabla N)_\sigma = \left[\frac{\partial N}{\partial X}\right]_\sigma \vec{e}_x + \left[\frac{\partial N}{\partial Y}\right]_\sigma \vec{e}_y = -\xi_{\sigma*}\,\vec{e}_x - \eta_{\sigma*}\,\vec{e}_y$$

folgt

$$\frac{\partial \xi_{\sigma*}}{\partial X} + \frac{\partial \eta_{\sigma*}}{\partial Y} = -\nabla(\nabla N)_\sigma$$

und analog in Zylinderkoordinaten (Polarkoordinaten)

$$\nabla = \frac{\partial}{\partial r}\vec{e}_r + \frac{1}{r^2}\frac{\partial}{\partial \alpha}\vec{e}_\alpha\,; \qquad \vec{e}_n = \frac{\partial \vec{x}}{\partial x_n}$$

$$(\nabla N)_\sigma = \left[\frac{\partial N}{\partial r}\right]_\sigma \vec{e}_r + \frac{1}{r^2}\left[\frac{\partial N}{\partial \alpha}\right]_\sigma \vec{e}_\alpha = -\Theta_{\sigma\cdot r*}\,\vec{e}_r - \frac{1}{r^2}\,r\,\Theta_{\sigma\cdot\alpha*}\,\vec{e}_\alpha\,;$$

$$-\nabla(\nabla N)_\sigma = \frac{1}{r}\frac{\partial}{\partial r}(r\,\Theta_{\sigma\cdot r*}) + \frac{1}{r}\frac{\partial \Theta_{\sigma\cdot\alpha*}}{\partial \alpha}\,;$$

$$-\nabla(\nabla N)_\sigma = \frac{\partial}{\partial r}\Theta_{\sigma\cdot r*} + \frac{1}{r}\frac{\partial}{\partial \alpha}\Theta_{\sigma\cdot\alpha*} + \frac{1}{r}\Theta_{\sigma\cdot r*}\,;$$

denn für den LAPLACE-Operator $\Delta = \nabla\nabla$ gilt

$$\Delta = \frac{\partial^2}{\partial x^2} + \frac{\partial^2}{\partial y^2} + \frac{\partial^2}{\partial z^2} = \frac{1}{r}\frac{\partial}{\partial r}\left(r\frac{\partial}{\partial r}\right) + \frac{1}{r^2}\frac{\partial^2}{\partial \alpha^2} + \frac{\partial^2}{\partial z^2}\,;$$

x, y, z: Rechtwinklige kartesische Koordinaten
r, α, z: Zylinderkoordinaten.

Es folgt

$$\frac{\partial \xi_{\sigma*}}{\partial X} + \frac{\partial \eta_{\sigma*}}{\partial Y} = \frac{\partial}{\partial r}\Theta_{\sigma\cdot r*} + \frac{1}{r}\frac{\partial}{\partial \alpha}\Theta_{\sigma\cdot\alpha*} + \frac{1}{r}\Theta_{\sigma\cdot r*}\,. \tag{146}$$

Die Darstellung des Ergebnisses rein nach Polarkoordinaten lautet daher:

$$\begin{aligned}
\left.\begin{matrix}\xi_{e_0}\\ \eta_{e_0}\end{matrix}\right\} &= \left\{\begin{matrix}\xi_\sigma + \tau_\xi - \tau_\xi^n\\ \eta_\sigma + \tau_\eta - \tau_\eta^n\end{matrix}\right\} = \left\{\begin{matrix}\tau_\xi - \tau_\xi^n\\ \tau_\eta - \tau_\eta^n\end{matrix}\right\} - \frac{1}{2\pi\varrho''}\int\limits_{\alpha=0}^{2\pi}\int\limits_{\vartheta=0}^{\pi} \Delta g_F\, V_M(\vartheta)\left\{\begin{matrix}\cos\alpha\\ \sin\alpha\end{matrix}\right\} d\vartheta\, d\alpha\, + \\
&+ \frac{1}{\pi R}\int\!\!\int \breve{N}_\sigma \frac{1}{r}\left\{\begin{matrix}\cos\alpha\\ \sin\alpha\end{matrix}\right\} \Xi(\zeta)\, dr\, d\alpha\, - \\
&- \frac{1}{2\pi}\int\!\!\int\left(\frac{\partial}{\partial r}\Theta_{\sigma\cdot r*} + \frac{1}{r}\frac{\partial}{\partial \alpha}\Theta_{\sigma\cdot\alpha*} + \frac{1}{r}\Theta_{\sigma\cdot r*}\right)\left\{\begin{matrix}\cos\alpha\\ \sin\alpha\end{matrix}\right\}\zeta\,(1+\zeta^2)^{-1/2}\, dr\, d\alpha\, + \\
&+ \frac{1}{2\pi G}\int\!\!\int \frac{\partial \Delta g_F}{\partial r}\left\{\begin{matrix}\cos\alpha\\ \sin\alpha\end{matrix}\right\}\zeta^2\,(1+\zeta^2)^{-1/2}\, dr\, d\alpha\, + \\
&+ \frac{1}{2\pi G}\int\!\!\int \frac{1}{r}\frac{\partial \Delta g_F}{\partial \alpha}\left\{\begin{matrix}\sin\alpha\\ -\cos\alpha\end{matrix}\right\}[(1+\zeta^2)^{1/2} - 1]\, dr\, d\alpha\,.
\end{aligned} \tag{147}$$

KAPITEL VIII

Über die in den Korrektionsgliedern für die gravimetrischen Lotabweichungen auftretenden Ableitungen der Lotabweichungen ist noch einiges zu sagen. In (142) erscheint z. B. der Ausdruck:

$$\frac{\partial \xi_{\sigma *}}{\partial X} + \frac{\partial \eta_{\sigma *}}{\partial Y},$$

$\xi_{\sigma *}$ bzw. $\eta_{\sigma *}$ sind die Komponenten der Lotabweichungen in der Richtung der GAUSS-KRÜGERschen X- bzw. Y-Parameterlinien und an der Erdoberfläche σ, (2) (109):

$$\xi_{\sigma *} = \xi_* - \tau_{\xi *} + \tau^n_{\xi *}; \qquad \eta_{\sigma *} = \eta_* - \tau_{\eta *} + \tau^n_{\eta *};$$

ξ, η sind die eigentlichen Lotabweichungskomponenten, d. h. sie sind in Höhe des Geoids zu verstehen und in Nord-Süd- bzw. in Ost-West-Richtung genommen. ξ_*, η_* sind dann die Lotabweichungskomponenten in Höhe des Geoids und in der Richtung der GAUSS-KRÜGER-Parameterlinien X und Y. Bei den vorstehenden Erörterungen haben wir absolute (gravimetrische) Lotabweichungen der Einfachheit wegen kurz als Lotabweichungen bezeichnet. Weil wir jetzt auch relative (astronomisch — gravimetrische) Lotabweichungen einführen wollen, nehmen wir in diesem Kapitel eine besondere Kennzeichnung der verschiedenen Arten der Lotabweichungen vor.

$$\xi_{\sigma * \text{absolut}} = \xi_{* \text{absolut}} - \tau_{\xi *} + \tau^n_{\xi *}; \qquad \eta_{\sigma * \text{absolut}} = \eta_{* \text{absolut}} - \tau_{\eta *} + \tau^n_{\eta *}; \tag{148}$$

$$\xi_{\sigma * \text{relativ}} = \xi_{* \text{relativ}} - \tau_{\xi *} + \tau^n_{\xi *}; \qquad \eta_{\sigma * \text{relativ}} = \eta_{* \text{relativ}} - \tau_{\eta *} + \tau^n_{\eta *}; \tag{149}$$

$$\left.\begin{aligned} \xi_{\sigma * \text{absolut}} - \xi_{\sigma * \text{relativ}} &= \xi_{* \text{absolut}} - \xi_{* \text{relativ}} = \delta_\xi; \\ \eta_{\sigma * \text{absolut}} - \eta_{\sigma * \text{relativ}} &= \eta_{* \text{absolut}} - \eta_{* \text{relativ}} = \delta_\eta. \end{aligned}\right\} \tag{150}$$

Wurde bei der Bestimmung des Systems der relativen Lotabweichungen u. a. die sog. ,,projektive Methode“ zur Reduktion der geodätischen Messungen von der Erdoberfläche auf das Bezugs-Ellipsoid angewandt, so besteht die Transformation des Systems der relativen Lotabweichungen in das der absoluten Lotabweichungen und umgekehrt in einer Translation und in einem Ellipsoidübergang [8] S. 6. δ_ξ bzw. δ_η sind daher gleich den Größen $d\varphi''$ bzw. $d\lambda'' \cos \varphi$ [8] S. 6. Aus (150) folgt

$$\frac{\partial}{\partial X} \xi_{\sigma * \text{absolut}} - \frac{\partial}{\partial X} \xi_{\sigma * \text{relativ}} = \frac{\partial}{\partial X} d\varphi'',$$

und nach [8] S. 6

$$d\varphi'' = \frac{\varrho''}{a} [-\sin \varphi \cos \lambda \, dt_x - \sin \varphi \sin \lambda \, dt_y + \cos \varphi \, dt_z + e'^2 \sin \varphi \cos \varphi \, da + 2 \sin \varphi \cos \varphi \, d\varepsilon];$$

$$\frac{\partial}{\partial X} d\varphi'' = \frac{\varrho''}{a} [-\cos \varphi \cos \lambda \, dt_x \, \varphi_X + \sin \varphi \sin \lambda \, dt_x \, \lambda_X - \cos \varphi \sin \lambda \, dt_y \cdot \varphi_X - \cdots];$$

$$\frac{\partial}{\partial X} d\varphi'' = 0\,(d\varphi'' \cdot \varphi_X, \; d\varphi'' \cdot \lambda_X) \cong 0\left(d\varphi'' \frac{1}{R}, \; d\varphi'' \frac{1}{R}\right) = \frac{1}{R}\, 0(d\varphi'').$$

Nehmen wir an:

$$d\varphi'' = 10'',$$

so folgt

$$\frac{\partial}{\partial X} d\varphi'' = \frac{1}{600} [1'', \text{ km}^{-1}] = 0\overset{''}{,}0017 \text{ km}^{-1}. \tag{151}$$

Ein Fehler von $0\overset{''}{,}0017$ km^{-1} im Glied

$$\frac{\partial}{\partial X} \xi_{\sigma * \text{absolut}} + \frac{\partial}{\partial Y} \eta_{\sigma * \text{absolut}}$$

wird den Ausdruck, vgl. (142)

$$-\frac{1}{2\pi}\int\int\left(\frac{\partial}{\partial X}\xi_{\sigma *\text{absolut}}+\frac{\partial}{\partial Y}\eta_{\sigma *\text{absolut}}\right)\begin{Bmatrix}\cos\alpha\\ \sin\alpha\end{Bmatrix}\zeta\,(1+\zeta^2)^{-1/2}\,dr\,d\alpha$$

und damit die Lotabweichungen niemals um mehr als 0,″01 verändern. Daher können wir in den Ausdrücken:

(139)

$$\cos\alpha\frac{\partial\xi_{\sigma *}}{\partial r}-\sin\alpha\frac{1}{r}\frac{\partial\xi_{\sigma *}}{\partial\alpha}+\sin\alpha\frac{\partial\eta_{\sigma *}}{\partial r}+\cos\alpha\frac{1}{r}\frac{\partial\eta_{\sigma *}}{\partial\alpha};$$

(142), (143), (144)

$$\frac{\partial\xi_{\sigma *}}{\partial X}+\frac{\partial\eta_{\sigma *}}{\partial Y};$$

(147)

$$\frac{\partial}{\partial r}\Theta_{\sigma\cdot r *}+\frac{1}{r}\frac{\partial}{\partial\alpha}\Theta_{\sigma\cdot\alpha *}+\frac{1}{r}\Theta_{\sigma\cdot r *}$$

die absoluten (gravimetrischen) Lotabweichungen durch relative (astronomisch-geodätische) Lot abweichungen ersetzen.

Die in den Korrektionsgliedern, z. B. (143), (144), auftretenden Integrale braucht man nur über die engere Umgebung des Aufpunktes P_2 zu erstrecken. Solange man sich nicht in den hohen (geogr.) Breiten befindet, solange also die Meridiankonvergenz mäßige Beträge nicht übersteigt, wird man die in Richtung der Gauss-Krüger-Koordinatenlinien genommenen Lotabweichungskomponenten durch die üblicherweise benutzten Lotabweichungskomponenten, nämlich die im Meridian und die im Ersten Vertikal, ersetzen können

$$\xi_{\sigma *}\to\xi_\sigma;\qquad \eta_{\sigma *}\to\eta_\sigma. \tag{152}$$

Bei größeren Erhebungen der Erdoberfläche über dem Meere — und nur in solchen Fällen werden die zur Debatte stehenden Korrektionen für die gravimetrischen Lotabweichungen erhebliche Beträge erreichen — wird man die Differentialquotienten der Lotabweichungen, z. B.

$$\frac{\partial\xi_{\sigma *}}{\partial X};\qquad \frac{\partial\eta_{\sigma *}}{\partial Y},$$

u. U. auch nach der Methode der trigonometrischen Höhenmessung ermitteln können [14].

KAPITEL IX

Die „inneren“ Differentialquotienten

$$\frac{\partial}{\partial X}\xi_{\sigma *} \quad \text{und} \quad \frac{\partial}{\partial Y}\eta_{\sigma *} \tag{153}$$

lassen sich auch auf rein gravimetrischem Wege ermitteln.

Es ist zunächst, vgl. (101a),

$$\frac{\partial}{\partial X}\xi_{\sigma *} = \left[\frac{\partial}{\partial X}\xi_*\right]_\sigma + \left[\frac{\partial}{\partial h}\xi_* \cdot \frac{\partial h}{\partial X}\right]_\sigma ; \qquad \frac{\partial}{\partial Y}\eta_{\sigma *} = \left[\frac{\partial}{\partial Y}\eta_*\right]_\sigma + \left[\frac{\partial}{\partial h}\eta_* \cdot \frac{\partial h}{\partial Y}\right]_\sigma . \tag{153a}$$

Die ersten Glieder auf der rechten Seite von (153a) sind die in horizontaler Richtung genommenen Differentialquotienten, die zweiten Glieder die in vertikaler Richtung.

Die Erdoberfläche σ ist bekanntlich eine Unstetigkeitsfläche für die zweiten Ableitungen des Potentials, weil sie eine Unstetigkeitsfläche der Dichte der das Schwerefeld erzeugenden Massen ist. Es ist daher zu untersuchen, ob die an der Erdoberfläche genommenen Differentialquotienten

$$\left[\frac{\partial}{\partial X}\xi_*\right]_\sigma \quad \text{und} \quad \left[\frac{\partial}{\partial Y}\eta_*\right]_\sigma$$

unstetig sind. Es ist hier natürlich der äußere Grenzwert zu nehmen.

Die Differentialquotienten

$$\frac{\partial}{\partial X}\xi_{\sigma *} = -\frac{1}{G}\frac{\partial}{\partial X}\left(\frac{\partial T}{\partial X}\right)_\sigma ; \qquad \frac{\partial}{\partial Y}\eta_{\sigma *} = -\frac{1}{G}\frac{\partial}{\partial Y}\left(\frac{\partial T}{\partial Y}\right)_\sigma$$

sind allerdings beim Durchgang durch die Erdoberfläche σ stetig. Wir überzeugen uns leicht davon: Sind l, m, n die Koordinaten in bezug auf ein rechtwinkliges nach der Tangentialebene der Erdoberfläche σ im Punkte P_2 orientiertes kartesisches Koordinatensystem (l, m in der Tangentialebene, n in Richtung der Normalen der Erdoberfläche; die l-Richtung liege in der Vertikalebene der X-Richtung), so folgt

$$\frac{\partial T}{\partial X} = \sum_{l,m,n}{}_i \frac{\partial T}{\partial i}\cdot \cos(i, X);$$

$$\frac{\partial}{\partial X}\left(\frac{\partial T}{\partial X}\right)_\sigma = \frac{\partial}{\partial l}\left(\frac{\partial T}{\partial X}\right)_\sigma \frac{1}{\cos(l, X)} = \left[\frac{\partial}{\partial l}\frac{\partial T}{\partial X}\right]_\sigma \cdot \frac{1}{\cos(l, X)} = \frac{1}{\cos(l, X)}\frac{\partial}{\partial l}\left[\sum_{l,m,n}{}_i \frac{\partial T}{\partial i}\cos(i, X)\right]_\sigma =$$

$$= \frac{1}{\cos(l, X)}\sum_{l,m,n}{}_i \left[\frac{\partial^2 T}{\partial l\,\partial i}\cdot \cos(i, X) + \frac{\partial T}{\partial i}\frac{\partial \cos(i, X)}{\partial l}\right]_\sigma =$$

$$= \frac{1}{\cos(l, X)}\left[\sum_{l,m,n}\frac{\partial^2 T}{\partial l\,\partial i}\cos(i, X)\right]_\sigma + \frac{1}{\cos(l, X)}\sum_{l,m,n}{}_i\left[\frac{\partial T}{\partial i}\frac{\partial \cos(i, X)}{\partial l}\right]_\sigma .$$

Aus [11] S. 81, [12] S. 188 entnehmen wir

$$\left[\frac{\partial^2 T}{\partial i\,\partial k}\right]_{\text{außen}} - \left[\frac{\partial^2 T}{\partial i\,\partial k}\right]_{\text{innen}} = \left[\frac{\partial^2 T}{\partial k\,\partial i}\right]_{\text{außen}} - \left[\frac{\partial^2 T}{\partial k\,\partial i}\right]_{\text{innen}} = 4\pi f \varrho_\sigma \cos(n, i)\cos(n, k);$$

$$\cos(l, n) = \cos(m, n) = 0 .$$

So wird

$$\left[\frac{\partial}{\partial X}\left(\frac{\partial T}{\partial X}\right)_\sigma\right]_{\text{außen}} - \left[\frac{\partial}{\partial X}\left(\frac{\partial T}{\partial X}\right)_\sigma\right]_{\text{innen}} = 0; \qquad \left[\frac{\partial}{\partial Y}\left(\frac{\partial T}{\partial Y}\right)_\sigma\right]_{\text{außen}} - \left[\frac{\partial}{\partial Y}\left(\frac{\partial T}{\partial Y}\right)_\sigma\right]_{\text{innen}} = 0 .$$

Nun gilt nach (142), wenn man sich vom „Außenraum“ der Erdoberfläche σ nähert:

$$\left.\begin{aligned}
&\left.\begin{matrix}\xi_{\sigma *}\\ \eta_{\sigma *}\end{matrix}\right\} = -\frac{1}{2\pi\varrho''}\int\limits_{(\alpha)^*=0}^{2\pi}\int\limits_{\vartheta=0}^{\pi}\Delta g_F\, V_M(\vartheta)\begin{Bmatrix}\cos(\alpha)^*\\ \sin(\alpha)^*\end{Bmatrix} d\vartheta\, d(\alpha)^* + \sum_{i=1}^{3}(KG)_i\,;\\
&(KG)_1 = \frac{1}{\pi R}\int\int \breve{N}_\sigma \frac{1}{r}\begin{Bmatrix}\cos(\alpha)^*\\ \sin(\alpha)^*\end{Bmatrix}\Xi(\zeta)\, dr\, d(\alpha)^*\,;\\
&(KG)_2 = -\frac{1}{2\pi}\int\int\left(\frac{\partial\xi_{\sigma *}}{\partial X}+\frac{\partial\eta_{\sigma *}}{\partial Y}\right)\begin{Bmatrix}\cos(\alpha)^*\\ \sin(\alpha)^*\end{Bmatrix}\zeta\,(1+\zeta^2)^{-1/2}\, dr\, d(\alpha)^*\,;\\
&(KG)_3 = \frac{1}{2\pi G}\int\int\frac{\partial\Delta g_F}{\partial X}\begin{Bmatrix}\cos^2(\alpha)^*\,\zeta^2\,(1+\zeta^2)^{-1/2} - \sin^2(\alpha)^*\,[(1+\zeta^2)^{1/2}-1]\\ \sin(\alpha)^*\cos(\alpha)^*\,(\zeta^2\,(1+\zeta^2)^{-1/2}+[(1+\zeta^2)^{1/2}-1])\end{Bmatrix} dr\, d(\alpha)^* +\\
&\qquad + \frac{1}{2\pi G}\int\int\frac{\partial\Delta g_F}{\partial Y}\begin{Bmatrix}\sin(\alpha)^*\cos(\alpha)^*\,(\zeta^2\,(1+\zeta^2)^{-1/2}+[(1+\zeta^2)^{1/2}-1])\\ \sin^2(\alpha)^*\cdot\zeta^2\,(1+\zeta^2)^{-1/2} - \cos^2(\alpha)^*\,(1+\zeta^2)^{1/2}-1]\end{Bmatrix} dr\, d(\alpha)^*.
\end{aligned}\right\} \quad (154)$$

Die Azimute $(\alpha)^*$ zählen hier rechtsläufig von „Gitternord“ im X, Y-Gauss-Krüger-Koordinatensystem; im Gegensatz zu den Azimuten α, die vom Meridian (geographisch-, astronomisch Nord) an zählen. α^* und α unterscheiden sich um die Meridiankonvergenz in den Punkten P_1.

Mit (154) folgt — als Ergebnis eines Grenzüberganges vom Außenraum her —

$$\left.\begin{matrix}\frac{\partial}{\partial X}\xi_{\sigma *}\\ \frac{\partial}{\partial Y}\eta_{\sigma *}\end{matrix}\right\} = -\frac{1}{2\pi\varrho''}\int\limits_{(\alpha)^*=0}^{2\pi}\int\limits_{\vartheta=0}^{\pi}\Delta g_F\begin{Bmatrix}\frac{\partial}{\partial X}\left(V_M(\vartheta)\frac{1}{\sin\vartheta}\cos(\alpha)^*\right)\\ \frac{\partial}{\partial Y}\left(V_M(\vartheta)\frac{1}{\sin\vartheta}\sin(\alpha)^*\right)\end{Bmatrix}\sin\vartheta\, d\vartheta\, d(\alpha)^* + \sum_{i=1}^{3}\begin{Bmatrix}\frac{\partial}{\partial X}(KG)_{\underset{\xi}{i}}\\ \frac{\partial}{\partial Y}(KG)_{\underset{\eta}{i}}\end{Bmatrix}$$

und mit

$$\sin\vartheta\frac{\partial}{\partial\vartheta}S_T(\vartheta) = -\frac{2G}{\varrho''}V_M(\vartheta) \quad (154\text{a})$$

$$\left.\begin{matrix}\frac{\partial}{\partial X}\xi_{\sigma *}\\ \frac{\partial}{\partial Y}\eta_{\sigma *}\end{matrix}\right\} = \frac{1}{4\pi G}\int\limits_{(\alpha)^*=0}^{2\pi}\int\limits_{\vartheta=0}^{\pi}\Delta g_F\begin{Bmatrix}\frac{\partial}{\partial X}\left(\frac{\partial}{\partial\vartheta}S_T\cdot\cos(\alpha)^*\right)\\ \frac{\partial}{\partial Y}\left(\frac{\partial}{\partial\vartheta}S_T\cdot\sin(\alpha)^*\right)\end{Bmatrix}\sin\vartheta\, d\vartheta\, d(\alpha)^* + \sum_{i=1}^{3}\begin{Bmatrix}\frac{\partial}{\partial X}(KG)_{\underset{\xi}{i}}\\ \frac{\partial}{\partial Y}(KG)_{\underset{\eta}{i}}\end{Bmatrix}$$

und wegen [9], (82), (74), (75), (76), (78), (97) bis (101); [7]:

$$\begin{aligned}
\frac{\partial}{\partial X}\xi_{\sigma *} = &-\frac{1}{4\pi G R}\int\limits_{(\alpha)^*=0}^{2\pi} d(\alpha)^*\int\limits_{\vartheta=\vartheta_0}^{\pi}\Delta g_F\,(K_1(\vartheta)+K_2(\vartheta)\cos 2(\alpha)^*)\, d\vartheta +\\
&+\frac{(\Delta g_F)_{P_1}}{2 r_0 G} - \frac{5}{8G}r_0\left[\frac{\partial^2\Delta g_F}{\partial X^2}\right]_{P_1} + \frac{1}{8G}r_0\left[\frac{\partial^2\Delta g_F}{\partial Y^2}\right]_{P_1} + \sum_{i=1}^{3}\frac{\partial}{\partial X}(KG)_{\underset{\xi}{i}}\,;
\end{aligned} \quad (155)$$

$$\begin{aligned}
\frac{\partial}{\partial Y}\eta_{\sigma *} = &-\frac{1}{4\pi G R}\int\limits_{(\alpha)^*=0}^{2\pi} d(\alpha)^*\int\limits_{\vartheta=\vartheta_0}^{\pi}\Delta g_F\,[K_1(\vartheta)-K_2(\vartheta)\cos 2(\alpha)^*]\, d\vartheta +\\
&+\frac{(\Delta g_F)_{P_1}}{2 r_0 G} + \frac{1}{8G}r_0\left[\frac{\partial^2\Delta g_F}{\partial X^2}\right]_{P_1} - \frac{5}{8G}r_0\left[\frac{\partial^2\Delta g_F}{\partial Y^2}\right]_{P_1} + \sum_{i=1}^{3}\frac{\partial}{\partial Y}(KG)_{\underset{\eta}{i}}\,;
\end{aligned}$$

$$\begin{aligned}
\frac{\partial}{\partial X}\xi_{\sigma *} + \frac{\partial}{\partial Y}\eta_{\sigma *} = &-\frac{1}{2\pi G R}\int\limits_{(\alpha)^*=0}^{2\pi} d(\alpha)^*\int\limits_{\vartheta=\vartheta_0}^{\pi}\Delta g_F\, K_1(\vartheta)\, d\vartheta + \frac{(\Delta g_F)_{P_1}}{r_0 G} -\\
&-\frac{1}{2G}r_0\left[\left(\frac{\partial^2\Delta g_F}{\partial X^2}\right)_{P_1} + \left(\frac{\partial^2\Delta g_F}{\partial Y^2}\right)_{P_1}\right] + \sum_{i=1}^{3}\left[\frac{\partial}{\partial X}(KG)_{\underset{\xi}{i}} + \frac{\partial}{\partial Y}(KG)_{\underset{\eta}{i}}\right];
\end{aligned} \quad (156)$$

$$K_1 = \frac{1}{2}\frac{d}{d\vartheta}\left\{\sin\vartheta\frac{dS_T}{d\vartheta}\right\}; \qquad K_2 = \frac{1}{2}\left(\sin\vartheta\frac{d^2S_T}{d\vartheta^2} - \cos\vartheta\frac{dS_T}{d\vartheta}\right).$$

Die numerische Auswertung der rechten Seite der Gleichung (156) wird keine Schwierigkeiten machen, mit Ausnahme des letzten Gliedes

$$\sum_{i=1}^{3}\left[\frac{\partial}{\partial X}(K_{\xi} G)_i + \frac{\partial}{\partial Y}(K_{\eta} G)_i\right].$$

Zu seiner Bestimmung braucht man nämlich die Ableitungen gerade der Größen, die man bestimmen will. Soll der Wert des Ausdruckes

$$\frac{\partial \xi_{\sigma *}}{\partial X} + \frac{\partial \eta_{\sigma *}}{\partial Y}$$

rein gravimetrisch bestimmt werden, so wird man — wenn die Gleichung (156) streng angewendet werden soll — ein iteratives Vorgehen nicht vermeiden können. In vielen Fällen dürfte es freilich erlaubt sein in (156) das Glied

$$\sum_{i=1}^{3}\left[\frac{\partial}{\partial X}(K_{\xi} G)_i + \frac{\partial}{\partial Y}(K_{\eta} G)_i\right]$$

zu vernachlässigen.

KAPITEL X

Schließlich wollen wir abschätzen, welchen Einfluß das außerhalb des Umkreises von ca. 1000 km gelegene Integrationsgebiet auf die Korrektionsgrößen (z. B. (143)) für die gravimetrischen Lotabweichungen ausübt. Es handelt sich also um die Abschätzung des Wertes der Integrale (143) für den Integrationsbereich

$$\frac{1000\ \text{km}}{R} = \bar{\vartheta} \leq \vartheta \leq \pi\,. \tag{157}$$

Die Integrale der in den Gleichungen (143) erscheinenden Form sind für diesen Zweck nicht geeignet; denn sie gelten nur für eine Umgebung, in der man die Erdkugel als eine Ebene betrachten kann. Deswegen haben wir früher bei der Herleitung der Gleichungen (143) u. a. das sphärische Flächenelement

$$\sin\vartheta\, d\vartheta\, d\alpha \tag{158}$$

durch das ebene Flächenelement

$$d\vartheta\, d\alpha \tag{159}$$

ersetzt. Mit (157) haben wir bei (159) einen relativen Fehler von der Größenordnung

$$\frac{1}{2}\vartheta^2 < \frac{1}{80} = 0{,}0125 \tag{160}$$

vernachlässigt, was sich allenfalls wird tolerieren lassen. Bei den Untersuchungen über die Korrektionsglieder für die Geoidundulationen N, [1], wurde aber das Gebiet (157) mit einbezogen, so daß wir durch Differentiation jener Größen in [1] zum Ziele kommen können.
Aus der Formelzusammenstellung [1], S. 44, entnehmen wir

$$\begin{aligned} N_{\varepsilon_0} = \frac{R}{4\pi\gamma_\sigma}\int\limits_{\alpha=0}^{2\pi} d\alpha \int\limits_{\vartheta=0}^{\pi} [g_\sigma + 2\,c\,\bar{H}_\gamma + 2\,\omega^2 h_0 - \gamma_{\varepsilon_0} + \\ + \Theta_\sigma G \operatorname{tg}(\gamma, n)\cos(\alpha_1 - \alpha_2)]\left(1 + 2\frac{h}{R}\right) S_T(\vartheta)\sin\vartheta\, d\vartheta + \\ + \sum_1^6 \Phi_n^\circ(N_\sigma) + \sum_1^6 \Phi_n^{\circ\circ}(N_\sigma) + \frac{\bar{g}-\gamma}{G} h_0 - \frac{h_0}{R} N_\sigma + 0\,(N_{\varepsilon_0}\cdot \mathfrak{a})\,. \end{aligned} \tag{161}$$

Wir erhalten die Lotabweichungen, wenn wir (161) in der horizontalen Richtung A (mit dem Linienelement ds) differenzieren. Dabei gilt die Tangentialebene im Aufpunkt P_2 als horizontal:

$$\left[\frac{\partial h_0}{\partial s}\right]_{P_2} = 0\,. \tag{162}$$

Vernachlässigen wir relative Fehler von der Größenordnung

$$\frac{h}{R}\,; \qquad \frac{h_0}{R}\,; \qquad \frac{\gamma_\sigma - G}{G}\,; \qquad \mathfrak{a} = \frac{1}{297}\,,$$

so folgt aus (161), vgl. auch (154a),

$$\begin{aligned} -\frac{\partial}{\partial s} N_{\varepsilon_0} = \Theta_s = -\frac{1}{2\pi\varrho''}\int\limits_{\alpha=0}^{2\pi}\int\limits_{\vartheta=0}^{\pi} [g_\sigma + 2\,c\,\bar{H}_\gamma + 2\,\omega^2 h_0 - \gamma_{\varepsilon_0}]\, V_M(\vartheta)\cos(\alpha - A)\, d\vartheta\, d\alpha - \\ - \frac{1}{2\pi\varrho''}\int\limits_{\alpha=0}^{2\pi}\int\limits_{\vartheta=0}^{\pi} \Theta_\sigma G \operatorname{tg}(\gamma, n)\cos(\alpha_1 - \alpha_2)\cdot V_M(\vartheta)\cos(\alpha - A)\, d\vartheta\, d\alpha - \\ - \frac{\partial}{\partial s}\sum_1^6 \Phi_n^\circ(N_\sigma) - \frac{\partial}{\partial s}\sum_1^6 \Phi_n^{\circ\circ}(N_\sigma) - \frac{h_0}{G}\frac{\partial}{\partial s}(\bar{g} - \bar{\gamma}) + \frac{h_0}{R}\frac{\partial}{\partial s} N_\sigma \end{aligned} \tag{163}$$

und mit (7); [2] S. 102; [3] (1a); [4] (58), (59):

$$\tau_s = -\frac{h_0}{G}\frac{\partial \bar{g}}{\partial s}; \qquad \tau_s^n = -\frac{h_0}{G}\frac{\partial \bar{\gamma}}{\partial s}; \tag{164}$$

und wegen (101d) und (162) gilt im Aufpunkt P_2

$$\frac{\partial N_\sigma}{\partial s} = -\Theta_{\sigma\cdot s} - \left(\frac{\Delta g_F}{G} + \frac{2}{R}N_\sigma\right) r \left(\frac{\partial \zeta}{\partial s} + \frac{1}{r}\zeta\right) = -\Theta_{\sigma\cdot s}; \tag{165}$$

und bei Berücksichtigung von (6) folgt schließlich durch einen Vergleich mit (142), daß

$$-\frac{\partial}{\partial s}\sum_1^6 \Phi_n^\circ(\check{N}_\sigma) - \frac{1}{2\pi\varrho''}\int_{\alpha=0}^{2\pi}\int_{\vartheta=0}^{\bar{\vartheta}} \Theta_\sigma\, G\, \mathrm{tg}(\gamma, n)\cos(\alpha_1-\alpha_2)\, V_M(\vartheta)\cos(\alpha - A)\, d\vartheta\, d\alpha = \sum_{i=1}^{3}(K\,G)_i \tag{166}$$

gleich den Korrektionsgliedern (143) ist.
Wir mußten hier für N_σ setzen $\check{N}_\sigma$ entsprechend dem mit Gleichung (4), (4a) verbundenen Vorgang. Es gilt also, die Beträge der Funktionen

$$-\frac{1}{2\pi\varrho''}\int_{\alpha=0}^{2\pi}\int_{\vartheta=\bar{\vartheta}}^{\pi} \Theta_\sigma\, G\, \mathrm{tg}(\gamma, n)\cos(\alpha_1-\alpha_2)\, V_M(\vartheta)\cos(\alpha - A)\, d\vartheta\, d\alpha \tag{167}$$

und

$$\frac{\partial}{\partial s}\sum_1^6 \Phi_n^{\circ\circ}(\check{N}_\sigma) \tag{168}$$

abzuschätzen.

Wir wenden uns zunächst der ersten Größe zu und nehmen approximativ an, daß in einem Bereich von 100 km sowohl $\Theta_\sigma \cong 20''$ als auch V_M, [5], konstant sind. Ist ferner der mittlere Höhenunterschied zwischen zwei Punkten, die um 100 km voneinander entfernt sind, etwa gleich 0,4 km und setzen wir im Mittel $\cos(\alpha_1 - \alpha_2) = 0{,}636$, so entspricht das Glied im Integranden

$$\Theta_\sigma G\,\mathrm{tg}(\gamma, n)\cos(\alpha_1-\alpha_2) = \frac{20''}{\varrho''}\cdot 10^{+6}\,\frac{0{,}4}{100}\cdot 0{,}636$$

einer Schwereanomalie Δg_F von der Größe $\pm$ 0,25 mgal. Die tatsächliche mittlere Freiluftanomalie mag einen Betrag von $\pm$ 20 mgal erreichen und übt erfahrungsgemäß bei der Integration über den Bereich (157) auf die Lotabweichungen einen Einfluß von weniger als 2″ aus [10].
Das zur Debatte stehende Integral ist also kleiner als

$$\frac{0{,}25\ \text{mgal}}{20\ \text{mgal}}\cdot 2'' = 0\overset{''}{,}025\,.$$

Berücksichtigen wir auch noch, daß auf den etwa 2/3 der Erdoberfläche bedeckenden Ozeanen der Integrand von (167) gleich Null ist, weil $\mathrm{tg}(\gamma, n) = 0$, so können wir noch durch 3 dividieren und erhalten als mittlere Größenordnung des Betrages des Integrals (167)

$$\pm\, 0\overset{''}{,}008 \tag{169}$$

Es gilt übrigens, wie man leicht erkennt:

$$\Theta_\sigma G\,\mathrm{tg}(\gamma, n)\cos(\alpha_1-\alpha_2) = G\,(\xi_\sigma\,\mathrm{tg}\,\nu_x + \eta_\sigma\,\mathrm{tg}\,\nu_y)\,.$$

Überschlagsrechnungen zur Bestimmung grober Mittelwerte der Funktion

$$G\,(\xi_\sigma\,\mathrm{tg}\,\nu_x + \eta_\sigma\,\mathrm{tg}\,\nu_y)$$

in den Gebieten der Gradabteilungen $13°\,E \leq \lambda \leq 14°\,E$ und $46°N \leq \varphi \leq 47°\,N$; $47°\,N \leq \varphi \leq 48°\,N$; $48°\,N \leq \varphi \leq 49°\,N$; $49°\,N \leq \varphi \leq 50°\,N$; $50°\,N \leq \varphi \leq 51°\,N$ ergaben an Hand der internationalen Weltkarte 1:1000000 und des von Wolf in [18], [19] publizierten Beobachtungsmaterials bzw. etwa — 0,155 mgal; + 0,15 mgal; — 0,008 mgal; — 0,029 mgal; +0,002 mgal. Die oben angenommene Hypothese 0,25 mgal wird also nicht überschritten, obwohl die untersuchten Gradabteilungen zum Teil das Alpen-Gebirge überdecken. Das Mittel aus allen fünf Gradabteilungen ist nur gleich — 0″,040 mgal, also weit innerhalb der Hypothese 0,25 mgal.

Wenden wir uns schließlich dem Glied (168) zu.
Mit [1] (192) (193) (194) (195) wird es gleich

$$-\frac{1}{4\pi R^2}\sum_i\sum_k\left[\frac{1}{2G}\Delta g_F-3\frac{1}{R}\check{N}_\sigma\right]h\frac{\partial}{\partial s}\left(\frac{1}{\sin\frac{\vartheta}{2}}\right)\cdot\Delta\varkappa+$$

$$+\frac{1}{8\pi R^2}\sum_i\sum_k[\xi\cos\bar\alpha+\eta\sin\bar\alpha]\,h\frac{\partial}{\partial s}\left(\frac{\cos\frac{\vartheta}{2}}{\sin^2\frac{\vartheta}{2}}\right)\cdot\Delta\varkappa. \tag{170}$$

Wir differenzieren

$$\frac{\partial}{\partial s}\frac{1}{\sin\frac{\vartheta}{2}}=-\frac{1}{2}\frac{\cos\frac{\vartheta}{2}}{\sin^2\frac{\vartheta}{2}}\frac{\partial\vartheta}{\partial s}; \tag{171}$$

$$\frac{\partial}{\partial s}\frac{\cos\frac{\vartheta}{2}}{\sin^2\frac{\vartheta}{2}}=\frac{1}{2}\left[-\frac{1}{\sin\frac{\vartheta}{2}}-2\frac{\cos^2\frac{\vartheta}{2}}{\sin^3\frac{\vartheta}{2}}\right]\frac{\partial\vartheta}{\partial s}; \tag{172}$$

$$\frac{\partial\vartheta}{\partial s}=\frac{\partial\vartheta}{\partial\varphi}\frac{\partial\varphi}{\partial s}+\frac{\partial\vartheta}{\partial\lambda}\frac{\partial\lambda}{\partial s}$$

und mit [9], S. 6 (15),

$$\frac{\partial\vartheta}{\partial s}=-\cos\alpha\frac{1}{R}\cos A-\cos\varphi\sin\alpha\frac{1}{R\cos\varphi}\sin A=-\frac{1}{R}\cos(\alpha-A). \tag{173}$$

Für die Abschätzung der Größenordnung der beiden Glieder (170) bestimmen wir zunächst den statistischen Mittelwert für

$$\frac{1}{2}\frac{\Delta g_F}{G}-3\frac{\check{N}_\sigma}{R}\qquad\text{bzw.}\qquad\xi\cos\bar\alpha+\eta\sin\bar\alpha.$$

Wir nehmen an, daß man weit voneinander entfernt liegende Freiluftanomalien Δg_F und Geoidundulationen N_σ als stochastisch unabhängige zufällige Variable auffassen kann. So teilen wir wieder die Erdoberfläche in 100 gleichgroße Flächenelemente. Die aus jedem dieser 100 Flächenelemente gewonnenen Mittelwerte für Δg_F und N_σ seien voneinander unabhängig. Nehmen wir als Mittelwert, der auf ein Flächenelement bezogen ist, für $\Delta g_F \pm 20$ mgal, für $N_\sigma \pm 30$ m, für $\xi \pm 10''$. $[N_\sigma]_{P_2}$ sei gleich 30 m. Dann haben wir folgende globale Mittelwerte

$$\frac{1}{2}\frac{\Delta g_F}{G}\to\frac{1}{2}\frac{20}{10^6}\frac{1}{10}=10^{-6};\qquad 3\frac{N_\sigma}{R}\to3\frac{30}{R}\frac{1}{10}=1{,}5\cdot10^{-6};$$

$$3\frac{[N_\sigma]_{P_2}}{R}\to3\frac{30}{R}=1{,}5\cdot10^{-5};\qquad \xi\cos\bar\alpha\to\frac{10''}{\varrho''}0{,}636\frac{1}{10}=3{,}2\cdot10^{-6};$$

Also

$$\frac{1}{2}\frac{\Delta g_F}{G}-3\frac{\check{N}_\sigma}{R}\to1{,}5\cdot10^{-5};\qquad\xi\cos\bar\alpha+\eta\sin\bar\alpha\to4{,}5\cdot10^{-6}.$$

Das erste Glied von (170) wird damit gleich

$$\frac{1}{8\pi R^3}\cdot1{,}5\cdot10^{-5}\,\bar h\iint\frac{\cos\frac{\vartheta}{2}}{\sin^2\frac{\vartheta}{2}}\cos(\alpha-A)\,d\varkappa=0{,}636\cdot1{,}5\cdot10^{-5}\frac{\bar h}{R}\int\limits_{\vartheta=1/6}^{\pi}\frac{\cos^2\frac{\vartheta}{2}}{\sin\frac{\vartheta}{2}}d\frac{\vartheta}{2}=$$

$$=0{,}95\cdot10^{-5}\frac{\bar h}{R}\left|\cos\omega+\ln\operatorname{tg}\frac{\omega}{2}\right|_{\omega=1/13}^{\omega=\pi/2}=2{,}1\cdot10^{-5}\frac{\bar h}{R},$$

und mit

$$\frac{\bar h}{R}=10^{-3}\qquad(\bar h=6\text{ km})$$

folgt

$$0{,}''0043.$$

Für das zweite Glied ergibt sich

$$\frac{1}{16\,\pi\,R^3}\,4{,}5\cdot 10^{-6}\,\bar{h}\iint\left[\frac{1}{\sin\frac{\vartheta}{2}}+2\,\frac{\cos^2\frac{\vartheta}{2}}{\sin^3\frac{\vartheta}{2}}\right]\cos\left(\alpha-A\right)d\varkappa=$$

$$=\frac{1}{2}\,0{,}636\cdot 4{,}5\cdot 10^{-6}\,\frac{\bar{h}}{R}\int\limits_{\vartheta=1/6}^{\pi}\left[\cos\frac{\vartheta}{2}+2\,\frac{\cos^3\frac{\vartheta}{2}}{\sin^2\frac{\vartheta}{2}}\right]d\,\frac{\vartheta}{2}$$

$$=1{,}4\cdot 10^{-6}\,\frac{\bar{h}}{R}\left|-\sin\omega-\frac{2}{\sin\omega}\right|_{\omega=1/13}^{\omega=\pi/2}=3{,}2\cdot 10^{-5}\,\frac{\bar{h}}{R}$$

und mit $\bar{h}=6$ km

$$0{,}''0064\,.$$

Der Wert der beiden Glieder (170) ist also nach der Größenordnung kleiner als

$$\sqrt{0{,}0043^2+0{,}0064^2}=0{,}''008\,.$$

KAPITEL XI

Wir wollen noch untersuchen, wie sich mit den Korrektionsformeln für die Lotabweichungen — z. B. die Korrektionsformeln in der durch Gleichung (142) angegebenen Form — die Theorie der gravimetrischen Verbesserung der astronomischen Nivellements [15] gestaltet. Vergleichen wir die Gleichung (142) der vorliegenden Schrift mit der Gleichung (3) in [15], so müssen wir jetzt setzen

$$ {}_1\Theta_s = -\frac{1}{2\pi\varrho''} \int\limits_{\alpha=0}^{2\pi} \int\limits_{\vartheta=0}^{\pi} \Delta g_F \, V_M(\vartheta) \begin{Bmatrix} \cos\alpha \\ \sin\alpha \end{Bmatrix} d\vartheta \, d\alpha ; \tag{175} $$

$$ \begin{aligned} {}_2\Theta_s + {}_3\Theta_s = {} & \frac{1}{\pi R} \iint \check{N}_\sigma \frac{1}{r} \begin{Bmatrix} \cos\alpha \\ \sin\alpha \end{Bmatrix} \Xi(\zeta) \, dr \, d\alpha - \frac{1}{2\pi} \iint \left(\frac{\partial \xi_{\sigma *}}{\partial X} + \frac{\partial \eta_{\sigma *}}{\partial Y} \right) \begin{Bmatrix} \cos\alpha \\ \sin\alpha \end{Bmatrix} \zeta \, (1+\zeta^2)^{-1/2} \, dr \, d\alpha \, + \\ & + \frac{1}{2\pi G} \iint \frac{\partial \Delta g_F}{\partial X} \begin{Bmatrix} \cos^2\alpha \, \zeta^2 (1+\zeta^2)^{-1/2} - \sin^2\alpha \, [(1+\zeta^2)^{1/2} - 1] \\ \sin\alpha\cos\alpha \, (\zeta^2 (1+\zeta^2)^{-1/2} + [(1+\zeta^2)^{1/2} - 1]) \end{Bmatrix} dr \, d\alpha \, + \\ & + \frac{1}{2\pi G} \iint \frac{\partial \Delta g_F}{\partial Y} \begin{Bmatrix} \sin\alpha\cos\alpha \, (\zeta^2 (1+\zeta^2)^{-1/2} + [(1+\zeta^2)^{1/2} - 1]) \\ \sin^2\alpha \, \zeta^2 (1+\zeta^2)^{-1/2} - \cos^2\alpha \, [(1+\zeta^2)^{1/2} - 1] \end{Bmatrix} dr \, d\alpha \, . \end{aligned} \tag{176} $$

Gleichung (10) in [15] können wir dann übernehmen und erhalten als Differenz der relativen Geoidundulationen

$$ \begin{aligned} \Delta N = {} & -\frac{1}{2} S \, [(\lambda_s)_A + (\lambda_s)_B] + \Delta N_{\sigma \cdot 1.1} + \frac{1}{2} S \, [({}_1\Theta_s)_A + ({}_1\Theta_\sigma)_B] \\ & + \Delta\Omega - \frac{1}{2} S \, [(\tau_s^n)_A + (\tau_s^n)_B] + \frac{1}{2} S \left[\sum_{i=2}^{3} ({}_i\Theta_s)_A + \sum_{i=2}^{3} ({}_i\Theta_s)_B \right] . \end{aligned} \tag{177} $$

Aus [1], (172) bis (195), folgt nun für $N_{\sigma \cdot 1.1}$ und Ω; vgl. auch (1):

$$ N_{\sigma \cdot 1.1} = \frac{R}{4\pi\gamma_\sigma} \int\limits_{\alpha=0}^{2\pi} d\alpha \int\limits_{\vartheta=0}^{\pi} [g_\sigma + 2c\bar{H}_\gamma + 2\omega^2 h_0 - \gamma_{\varepsilon_0}] \left(1 + 2\frac{h}{R}\right) S_T(\vartheta) \sin\vartheta \, d\vartheta \tag{178} $$

$$ \begin{aligned} \Omega \cong {} & \frac{R}{4\pi} \int\limits_{\alpha=0}^{2\pi} d\alpha \int\limits_{\vartheta=0}^{\pi} \Theta_\sigma \operatorname{tg}(\gamma, n) \, S_T(\vartheta) \cos(\alpha_1 - \alpha_2) \sin\vartheta \, d\vartheta + \frac{\bar{g} - \gamma}{G} h_0 - \frac{h_0}{R} N_{\sigma \cdot 1} \\ & - \frac{1}{2\pi} \sum_i \sum_k \zeta \, (N_{\sigma_{k+1}} - N_{\sigma_k}) (\alpha_{i+1} - \alpha_i) - \frac{1}{4\pi} \sum_i \sum_k \left(\frac{\Delta g_F}{G} + \frac{5 N_\sigma}{2R} \right) \zeta^2 \, (r_{k+1} - r_k) (\alpha_{i+1} - \alpha_i) \\ & - \frac{1}{4\pi R} \sum_i \sum_k \left(\frac{\Delta g_F}{G} - 5 \frac{N_\sigma}{R} \right) h \, (r_{k+1} - r_k) (\alpha_{i+1} - \alpha_i) \, . \end{aligned} \tag{179} $$

Die in der Formel für $\Delta\Omega$ auftretenden Differenzen $\Delta \sum_1^6 \Phi_n^{\circ\circ}(N_{\sigma \cdot 1})$ haben wir dabei in wohl genügender Annäherung vernachlässigt.

In Gleichung (177) ist

$$ -\frac{1}{2} S \, [(\lambda_s)_A + (\lambda_s)_B] $$

die einfachste Form der Gleichung für das astronomische Nivellement.

$$ \Delta N_{\sigma \cdot 1.1} + \frac{1}{2} S \, [({}_1\Theta_s)_A + ({}_1\Theta_s)_B] $$

ist die übliche gravimetrische Verbesserung des astronomischen Nivellements.

$$ \Delta\Omega - \frac{1}{2} S \, [(\tau_s^n)_A + (\tau_s^n)_B] + \frac{1}{2} S \left[\sum_{i=2}^{3} ({}_i\Theta_s)_A + \sum_{i=2}^{3} ({}_i\Theta_s)_B \right] $$

ergeben sich aus der Präzisierung der Theorie.

Literaturverzeichnis

[1] ARNOLD, K.: Zur Bestimmung der Geoidundulationen aus Freiluftanomalien. Schwerewerte in großen Höhen über der Erdoberfläche. Veröff. Nr. 12 des Geodät. Inst. in Potsdam bei der Deutschen Akad. d. Wiss. zu Berlin 1958.

[2] ARNOLD, K.: Betrachtungen zur Bestimmung der gravimetrischen Lotabweichungen aus Freiluftanomalien der Schwere. Gerlands Beiträge zur Geophysik **67**, Heft 2 (1958).

[3] ARNOLD, K.: Eine durch Oberflächenwerte bestimmte Reihenentwicklung für die Tangente der Lotlinie. Gerlands Beiträge zur Geophysik **66**, Heft 2 (1957).

[4] ARNOLD, K.: Die Co-Geoide der Freiluftreduktion. Gerlands Beiträge zur Geophysik **66**, Heft 3 (1957).

[5] SOLLINS, A. D.: Tables for the computation of deflections of the vertical .... Bull. Geod. **6** (1947), pg. 279.

[6] HRISTOW, W. K.: Die Gaußschen und geographischen Koordinaten auf dem Ellipsoid von Krassowsky. Berlin 1955: VEB Verlag Technik.

[7] TENGSTRÖM, E.: Some remarks concerning the expressions for the second derivatives

$$\frac{\partial^2 N}{\partial x^2}, \quad \frac{\partial^2 N}{\partial y^2}, \quad \frac{\partial^2 N}{\partial x\, \partial y} \quad \text{and} \quad \frac{\partial^2 N}{\partial y\, \partial x},$$

derived from Stokes' formula. Meddelande från geod. inst. vid Upsala universitet, Nr. 1. Stockholm 1957.

[8] ARNOLD, K.: Das Minimumsprinzip für die Geoidundulationen bei der Bearbeitung astronomisch-geodätischer Netze. Veröff. Nr. 8 d. Geod. Inst. in Potsdam bei d. Dtsch. Akad. d. Wiss. zu Berlin (1955).

[9] ARNOLD, K.: Beiträge zur gravimetrischen Geodäsie, Kapitel A. Veröff. Nr. 11 d. Geod. Inst. Potsdam bei d. Dtsch. Akad. d. Wiss. zu Berlin (1956).

[10] KAULA, W. M.: Accuracy of gravimetrically computed deflections of the vertical. Transactions, American geophys. Union. Vol. 38, Nr. 3 (1957).

[11] WANGERIN, A.: Theorie des Potentials und der Kugelfunktionen. Bd. I. Berlin und Leipzig 1922.

[12] ERTEL, H.: Über die Unstetigkeiten der zweiten Ableitungen des Schwerepotentials an Diskontinuitätsflächen der Dichte. Z. angew. Math. Mech. **25/27**, Nr. 7. Berlin 1947.

[13] TSUJI, MASATSUGU: On Dirichlet — and Neumann — problem with integrable boundary values. Jap. Journ. Mathem. **23** (1953) pg. 15—37.

[14] JORDAN, EGGERT, KNEISSL: Handbuch der Vermessungskunde. 10. Ausgabe, Bd. V, § 35. Stuttgart 1956.

[15] ARNOLD, K.: Zur Theorie der gravimetrischen Verbesserung astronomischer Nivellements. Gerlands Beiträge z. Geophysik. Bd. 67, Heft 3 (1958).

[16] LENSE, J.: Kugelfunktionen. Leipzig 1954.

[17] KREYSZIG, E.: Differentialgeometrie. Leipzig 1957.

[18] WOLF, H.: Astronomisch-geodätische Lotabweichungen im mittleren Europa. Veröff. d. Deutschen Geodät. Komm. bei der Bayrischen Akademie d. Wiss.; Reihe B, Heft 39 (1957).

[19] WOLF, H.: Versuch einer Geoidbestimmung im mittleren Europa aus astronomisch-geodätischen Lotabweichungen. Veröff. d. Deutschen Geod. Komm. b. d. Bayr. Akad. d. Wiss., Reihe A, Heft 18 (1956).

[20] JUNG, K.: Figur der Erde. Hbd. d. Physik, Bd. 47 Geophysik I. hrsg. v. J. BARTELS. Berlin/Göttingen/Heidelberg 1956.

[21] VENING-MEINESZ, F. A.: A formula expressing the deflection of the plumbline ... Proc. Koninkl. Akad. van Wetensch. te Amsterdam XXXIII (1928), Nr. 3.

[22] KELLOG, O. D.: Foundations of potential-theory. Springer-Verlag 1929.

[23] MÜLLER, CLAUS: Die Potentiale einfacher und mehrfacher Flächenbelegungen. Math. Annalen ***123***, 235 (1951).

[24] JURKINA, M. J.: Methoden zur Erforschung der Erdgestalt im Gebirge. Arbeiten d. zentr. wiss. Forsch.-Inst. für Geodäsie, Aerophotogrammetrie und Kartographie. (ZNIGAIK.) Heft 103. Moskau. 1954.

[25] MINEO, C.: Sulla formola di Stokes che serve a determinare la forma della terra. Rendic. del Circolo Mat. di Palermo, Tomo LI, 1927.

[26] PIZZETTI, P.: Sur la réduction des latitudes et des longitudes astronomiques au niveau de la mer. Astr. Nachr. ***138***.

Phänologische Tabellen 1947–1950
aus dem Gebiet
der Deutschen Demokratischen Republik

Bearbeitet von Dr. FRANZ SEYFERT

(Abhandlungen des Meteorologischen und Hydrologischen Dienstes der Deutschen Demokratischen Republik, Heft 37)

1957. 366 Seiten — 1 Ausschlagtafel — 4° — DM 60,—

In den „Phänologischen Tabellen“, die für die Jahre 1947—1950 in dem ersten Band einer künftig alle fünf Jahre regelmäßig erscheinenden Veröffentlichung vorliegen, sind die phänologischen Beobachtungsdaten von 90 Phasen von rund 800 Stationen aus dem Gebiet der Deutschen Demokratischen Republik zusammengestellt. Im ersten Teil sind 34 Phasen wildwachsender Pflanzen, im zweiten Teil 28 Phasen landwirtschaftlicher Kulturpflanzen, im dritten Teil 23 Phasen von Obstgehölzen und im vierten Teil 5 Phasen von Tieren enthalten. Sämtliche Zahlenwerte sind mit modernen Prüfmethoden kritisch gesichtet worden. Drei ausführliche Verzeichnisse der Beobachtungsstationen nach politischen Kreisen, Kennziffern und Ortsnamen sowie eine Karte erleichtern das Auffinden der phänologischen Daten für jede Gegend.

Bestellungen durch eine Buchhandlung erbeten

A K A D E M I E - V E R L A G · B E R L I N

FSC
www.fsc.org
MIX
Papier | Fördert gute Waldnutzung
FSC® C083411

Kolibri 360 GmbH
Ferdinand-Jühlke-Straße 7
99095 Erfurt, Deutschland
produktsicherheit@kolibri360.de